MANUEL

D'HORTICULTURE ET D'AGRICULTURE

POUR

LE DÉPARTEMENT DE LA GIRONDE,

SUIVI

D'UN RECUEIL DE QUELQUES ARTICLES SPÉCIAUX D'AGRICULTURE,

Publié sous les auspices des Sociétés d'Horticulture et d'Agriculture de la Gironde.

Par J.-C. RAMEY, Horticulteur.

A BORDEAUX,

Chez CHAUMAS-GAYET, Libraire, fossés du Chapeau-Rouge, 20.

Et chez l'Auteur, même rue, 9.

1849.

SOMMAIRE

DES ARTICLES CONTENUS DANS CE VOLUME.

MANUEL

D'HORTICULTURE ET D'AGRICULTURE

POUR

LE DÉPARTEMENT DE LA GIRONDE,

SUIVI

D'UN RECUEIL DE QUELQUES ARTICLES SPÉCIAUX D'AGRICULTURE,

Publié sous les auspices des Sociétés d'Horticulture et d'Agriculture de la Gironde.

Par J.-C. RAMEY, Horticulteur.

A BORDEAUX,

Chez CHAUMAS-GAYET, Libraire, fossés du Chapeau-Rouge, 20.

Et chez l'Auteur, même rue, 9.

1849.

BORDEAUX, IMPRIMERIE DE P. COUDERT,
RUE PORTE-DIJEAUX, 43.

MANUEL D'HORTICULTURE

POUR

LE DÉPARTEMENT DE LA GIRONDE,

Dans toutes les affaires de la vie, le point essentiel c'est d'arriver à propos. Pour toutes les opérations de l'agriculture, la condition essentielle c'est qu'elles soient faites en temps opportun et dans leur vraie saison.

Il a été publié déjà plusieurs Calendriers, ou Annuaires, ou Almanachs contenant l'indication des travaux des jardins et des champs ; mais les uns sont faits pour des latitudes différentes de la nôtre, ou celles de ces publications qui ont été faites pour des localités plus rapprochées, ou même pour celles que nous occupons, ne sont pas complètes.

C'est donc cette lacune que nous venons remplir, en indiquant, aussi complètement que possible, le moment opportun des travaux du jardinage dans le département de la Gironde.

JANVIER.

Bien que ce mois soit le plus froid de l'année, il n'est pas moins vrai que l'horticulture, dans notre département, reçoit une impulsion nouvelle, parce que les jours allongent sensiblement. Ce motif est un stimulant pour les travaux du jardinage ; ainsi on veille le temps pour faire en pleine terre, dans le potager, les semis de tous les Pois hâtifs, on renouvelle ceux des Fèves de marais ; on commence, aux expositions les plus chaudes, ceux de Porreaux, d'Ognons blancs hâtifs, Persil, Cerfeuil, Carottes courtes, Epinards, Laitues d'hiver. C'est le grand moment de la culture forcée ; ainsi on sème en serre et sous châssis : Pois nains de Hollande, Haricots nains précoces, Radis, Laitues, Choux pommés hâtifs, et généralement tous les herbages qui sont d'un usage journalier ; on renouvelle les couches (1), et on entretient les réchauds (2) C'est la culture des Melons qui exige les soins les plus minutieux : l'horticulteur.

---

(1) On appelle couche une masse de fumier de litière arrangée symétriquement en parallélogrammes par couches régulières d'une largeur et hauteur moyenne d'un mètre sur une longueur indéterminée. L'arrangement de cette litière s'appelle monter une couche. On fournit l'humidité en arrosant sur chaque couche, ce qui détermine promptement la fermentation et produit de la chaleur. Il s'agit donc de faire servir cette chaleur à la végétation : le premier moyen c'est la concentration ; ainsi on enveloppe ces couches de coffres en bois sur les côtés, et le dessus est couvert de châssis vitrés qui se couvrent de paillassons pour abriter du froid et de toiles pour abriter du chaud ; ainsi, semer sur couches, semer sous châssis est la même chose.

On fait des couches avec moitié litière et moitié feuilles sèches ; on en fait avec de la mousse et toute matière décomposable : celles faites avec du fumier de cheval sont les plus chaudes, mais elles durent moins longtemps. Les couches qui se font en hiver doivent être étroites et hautes, celles qui s'établissent au printemps sont moins hautes et plus larges. Avant de semer ou planter, on compose une couche végétale factice sur la couche avec du bon terreau d'une épaisseur moyenne de deux décimètres.

(2) Pour concentrer plus sûrement la chaleur d'une couche et lui en redonner au besoin, on monte à l'extérieur des coffres de fortes meules de fumier neuf, qui fermentent et fournissent une nouvelle chaleur ; c'est ce qui s'appelle établir des réchauds. Il est évident que les réchauds placés à l'extérieur perdent très promptement leur chaleur ; il faut les renouveler souvent pendant les temps froids ; les réchauds sont fréquemment remplacés par des amas de feuilles sèches maintenues par des palissades serrées dont la hauteur est la même que celle du coffre : ces abris durent tout l'hiver.

pour réussir, doit maîtriser les agens de la végétation ; ainsi, il doit mesurer la chaleur, l'humidité, l'air, la lumière, de telle sorte que ces agens soient simultanément en action. On doit, pendant ce mois, soigner l'approvisionnement du jardinage des fruits et ôter tout ce qui menace de se gâter.

On s'occupe de défoncer et labourer tous les terrains vacans, et on fait tout ce qui a rapport aux travaux de terrasse ; on continue l'élagage, le rajeunissement des arbres en plein vent. Vers la fin de ce mois, on reprend la taille des Poiriers, Cerisiers et Pommiers ; on ne néglige pas la plantation des arbres dans les terrains sains (dans les terres humides on attend en mars) ; on s'occupe de préparer les bois propres à faire des boutures et des greffes par scions : ces branches se conservent à l'ombre, enterrées, pour les employer les premières en février et les secondes de février à fin avril. Dans les jardins d'agrément on continue les travaux neufs ; les transports de terre, les nivellemens, les tracés, la création des bordures, les constructions de rocailles sont des travaux de janvier. Sur la fin du mois on recommence à semer les fleurs indiquées pour le mois d'octobre. On plante le reste des ognons à fleurs, et on peut aussi reprendre la plantation des Anémones et des Renoncules (1) ; on ne doit pas retarder celle de toutes les Pivoines herbacées, dont la plus agréable est, sans contredit, la Pivoine rose de la Chine, à odeur de rose (2).

---

(1) Les Anémones et les Renoncules se plantent de la fin d'août jusque vers la fin de novembre ; c'est le moyen d'avoir des fleurs de primeurs, surtout si on les abrite ; mais à défaut de ce soin, il arrive que des hivers rigoureux tuent ces plantes On agit donc prudemment d'en garder pour planter de fin janvier à fin mars, afin de sauver et prolonger la jouissance de ces belles fleurs ; mais il est bien entendu que les plantations de mars doivent se faire en terrain humide.

(2) La meilleure époque pour planter les Pivoines est le mois de novembre et ensuite janvier et février ; ces plantes très rustiques peuvent se planter au besoin toute l'année, mais hors les deux épo-

Les serres, les bâches (1), les cloches, les châssis exigent des soins assidus pour maintenir en bon état les plantes qu'elles renferment et les abriter du froid.

Les produits commencent à devenir moins abondans, parce que, dans la Gironde, on n'a pas encore adopté les silos (2) pour faire de bons approvisionnemens de jardinage, et sur nos marchés les prix commencent à s'élever ; souvent, en février et mars, ces prix sont exorbitans pour le jardinage et pour les fruits, car nous ne possédons que très peu de fruitiers : nous sommes donc privés d'approvisionnemens.

Il y a peu de fleurs en pleine terre ; on ne voit que le Calicanthus *precox*, l'Hellebore rose de Noël, le Cognassier du Japon, quelques Anémones et Renoncules abritées ; mais, en revanche, les serres sont dans leur beau ; on voit épanouir les nombreux Camellias ; les Bruyères, les Cyclamens, les Abrotamus, les Héliotropes, les Violettes, les Primevères de la Chine, etc., fournissent aux besoins de bouquets, dont l'usage est devenu de nos jours un objet fort important.

---

ques que nous venons d'indiquer, leur transfert compromet la floraison de la première année.

(1) On appelle bâche une construction en pierre qui est intermédiaire entre les châssis et les serres, c'est-à-dire que c'est un grand châssis permanent ou une petite serre dans laquelle un homme peut entrer et s'y tenir debout. L'inclinaison vers le sud des vitrages des bâches varie comme celle des châssis, mais les praticiens estiment que, dans la Gironde, l'inclinaison la plus convenable est entre 15 et 30 degrés.

(2) Silo, construction rurale tantôt simple, quelquefois compliquée. C'est un caveau en plein air créé pour conserver les produits ; ainsi, pour loger une certaine quantité de racines alimentaires, d'autrefois des Choux, des Salades, il suffit de creuser une fossé, ainsi que nous l'avons indiqué pour le mois de novembre ; mais si nous voulons y loger du grain, il faut que dans cette excavation il soit établi une maçonnerie et un bon carrelage, et que le sommet soit garanti de l'humidité sous une surcharge de terre formant un petit monticule. Les approvisionnemens sont la richesse d'un pays, il est à désirer que dans la Gironde on fasse connaître l'avantage des silos afin de les multiplier.

FÉVRIER.

Le vieil adage local : *En feuvrey lou can serque l'ombrey,* indique que dans ce mois le jardinage doit prendre une grande extension à mesure que la chaleur provoque la végétation ; ainsi, avec l'attention, comme nous l'avons indiqué pour septembre et octobre, de faire les semis aux expositions les plus chaudes, l'horticulteur doit se hâter de prendre l'avance pour obtenir des produits précoces ; ainsi il sème : Poireaux, Ognons, Persil, Epinards, Cerfeuil, Laitues, Chicorée sauvage, Panais, Carottes courtes et demi-longues, Salsifis, Scorsonère, Oseille, Pois, et vers la fin on risque des Radis. On plante : l'Ail blanc, les Echalottes, les Ognons du semis d'automne ; on refait les bordures des plantes vivaces, et on plante les Pommes de terre hâtives. On doit aussi se hâter de semer sur couche : Tomates, Aubergines, Pimens, Céléris, Choux pommés hâtifs et gros cabus, du Goumbau (1) ; on répète aussi sur couche les semis et plantation de la culture forcée ; mais on

---

(1) Goumbau ou Ketmie comestible, *Hybiscus esculentus*, est une plante de la famille des Mauves, d'un assez grand développement, et qui fournit de nombreuses capsules anguleuses, à plusieurs loges remplies de graines grosses comme de petits pois ; ces capsules encore petites et lorsqu'elles arrivent à peu près à leur complet développement, se font cuire et se mangent comme des Asperges ou en ragoût ; les graines, avant de sécher, se préparent comme nos petits Pois. Ce produit est très recherché des Créoles, ainsi que de toutes les personnes qui ont habité les colonies ; c'est du reste un aliment des plus sains et des mieux appropriés aux temps des chaleurs et d'une facile digestion ; on a souvent vu sur le marché de Bordeaux vendre une douzaine de capsules de Goumbau 6 fr.

La graine de Goumbau se sème en petits pots sur couche, et ils se plantent en mai, en terre fertile et très chaude ; on donne de copieux arrosemens en juillet et août, on serfouit fréquemment, et la récolte se fait de fin août à fin octobre.

L'arrosement copieux que nous indiquons pour le Goumbau doit se donner à la terre et jamais sur la plante.

commence à faire plus larges et moins hautes les couches, parce que les grands froids sont passés ; les réchauds ne sont presque plus nécessaires. Il ne faut plus semer de grosses Fèves que dans les terrains très froids ; on ne doit pas oublier le vieux proverbe gascon : *Abes de feuvrey pedouilley,* qui indique que les semis sont abîmés par les insectes aphydiens qui arrêtent la production, et que, dans la Gironde, ces insectes sont appelés poux et pucerons.

La culture des arbres nécessite une activité soutenue, car les détails sont nombreux ; ainsi on doit achever de planter toutes les boutures. On continue les plantations et la taille des arbres, on rabat les sujets qui ont été greffés et on s'empresse de labourer ceux qui poussent hâtivement, tels que Poiriers, Cerisiers ; on se dispose sérieusement à faire les greffes par scions : pour cette opération, il vaut mieux, à la fin de février, avoir besogne faite que besogne à faire (1). C'est le temps de semer diverses graines d'arbres, telles que Châtaignes, Marrons, Glands, Noix, Erables, Poiriers, Pommiers, etc. Les arbres des vergers doivent se labourer autour de leurs pieds, et recevoir les engrais ou terreaux qu'ils ont besoin. Si l'échenillage n'a pas été fait, il faut se hâter de le faire pendant ce mois.

Dans les jardins d'agrément, on achève l'élagage de

---

(1) La greffe en fentes qui est la plus pratiquée des greffes par scions, et connue vulgairement sous le nom d'ente, exige pour réussir que l'on remplisse une condition principale : c'est que les boutons de la greffe n'aient pas poussé ; cette condition est difficile à remplir vers la fin de février, et plus tard encore plus, parce que la chaleur fait bourger les boutons : il n'y aurait qu'un moyen, ce serait de déposer les greffes dans une glacière, on pourrait greffer jusqu'à la fin de mai. Cette greffe se couvre avec de l'onguent de Saint-Fiacre quand on opère en petit : mais si le nombre en est grand, on se sert de cire à greffer qui s'emploie à chaud : c'est une fusion de cinq huitièmes poix noire, un huitième cire jaune, un huitième colophane, un huitième suif, et au moment de l'emploi on ajoute de temps en temps un peu de brique réduite en poudre

tous les arbres, des arbrisseaux, des bosquets ou massifs, afin de pouvoir commencer à les labourer. Si les semis de gazon n'ont pas été faits en automne, on ne doit pas les retarder, non plus que les semis de toutes les prairies. On distribue les engrais et on laboure toutes les parties des jardins où l'on doit mettre soit plantes vivaces, soit plantes annuelles; puis on sème tout ce qui a été indiqué pour le mois d'octobre, tel que Pieds d'alouettes, Pavots, Nigelles, Thlaspics, Cynoglosses, Gazon de Mahon, etc. On commence à semer aussi sur couche : la série des plantes annuelles qui fleurissent en été et en automne, telles que Balsamines, Reines-Marguerites, Zinias, Quarantaines, Œillets et Roses d'Inde, ou Tagétès, Coreopsis, etc. Dans ce mois, on commence à donner aux plantes de serre des arrosemens plus fréquens et plus copieux ; ainsi la plupart des plantes grasses restent tout l'hiver sans être arrosées, puis, le mois de février venu, on les rapproche des vitrages et on les arrose régulièrement, c'est la condition d'une bonne floraison. Le long séjour des plantes dans les serres a fait mourir grand nombre de feuilles qui doivent se sortir soigneusement; celles des plantes qui sont étiolées doivent se rapprocher de la lumière pour reprendre leur verdure et leur force vitale.

Il est pour Bordeaux un bon jour pour les fleuristes, c'est le 4 de ce mois, jour de sainte Jeanne; aussi le marché aux fleurs est-il riche de tout ce que la culture forcée a pu produire; ainsi on y voit des Camellias, des Rosiers, des Narcisses, des Jacinthes, avec toute la série des plantes de serres, et le tout se vend parfaitement.

La pleine terre offre déjà des fleurs : on voit des Violettes, des Perce-Neige, des Safrans, des Paquerettes, le Daphné bois gentil, etc.

MARS.

Un quatrain fait par un ancien jardinier est le suivant :

Premier mars, Saint-Aubin,
Jardinier, lève-toi du matin ;
Travaille avec raison,
Mais n'oublie pas de semer ton oignon.

Envisagée comme industrie, l'horticulture doit donner des produits les meilleurs possibles et avec le moins de frais possible aussi.

Ce quatrain donne la mesure ou le degré d'importance que l'on doit attacher à faire chaque chose à sa saison : c'est la vraie culture naturelle; tout ce qui s'en écarte est culture artificielle, qui est toujours plus dispendieuse et pour laquelle il faut être initié plus avant dans la science horticulturale. Dans la culture naturelle, la base du succès est le choix du moment opportun de semer et de planter ; pour la culture artificielle, ce sont le choix du terrain, l'exposition ou les abris, et l'administration de soins intelligens qui amènent le succès.

Tous les jours du mois de mars doivent être marqués par l'activité et par l'intelligence du jardinier ; il n'y a pas de temps à perdre, la terre est tout particulièrement disposée à favoriser la germination (1), elle ne de-

(1) Il est deux époques qui semblent plus particulièrement propices à la germination, c'est le mois de mars pour le printemps, et le mois de septembre pour l'automne; c'est donc à ces deux époques que le jardinier doit faire le plus grand nombre de semis; toutefois, comme la culture des jardins comporte de faire toute l'année des semis, et que ces semis ne réussissent pas toujours, il est résulté, de temps immémorial, cette croyance que la lune influe sur la germination et sur la vie des plantes; dans la Gironde, on trouve beaucoup de cultivateurs qui règlent leurs travaux et notamment leurs semis sur les phases lunaires, et ils s'en trouvent bien. Les savans nient cette influence; nous croyons que de part et d'autre, il y a exagération, et qu'il reste encore bien des expériences à faire pour connaître au juste

mande que du travail pour récompenser celui qui la seconde. Ainsi on sème en pleine terre : Betterave, Carotte, Cardon, Céleri, Cerfeuil, Ciboule, Chicorée sauvage et frisée hâtive, Concombre, Chou-Navet, Laitue, Melon, Navet hâtif, Ognon, Oseille, Panais, Persil, Pois, Porreaux, Pourpier, Poirée à carde, Radis, Salsifis, Scorsonère, Roquette. On sème encore sur couche une série d'articles qui craignent le froid, tels que Tétragone, Goumbau, Melon, Concombre, Haricot, etc.

On peut encore planter et semer avantageusement des Asperges ; on commence à déchausser les Artichauds et à œilletonner pour en faire de nouveaux carrés. On termine de planter les porte-graines, telles que Carottes, Céleris, Chicorées, Navets, Betteraves, etc. Il est beaucoup de localité où l'on doit, en mars, arroser légèrement et fréquemment les jeunes semis pour en chasser les araignées qui les dévastent ; souvent aussi on voit les plantes de la famille des Crucifères, telles que Cressons, Radis et Choux, dévorées par les tiquets ou altyses ; il faut, pour les chasser, soupoudrer sur ces plantes, après qu'on les a arrosées, de la cendre, ou mieux, de la suie, et répéter ce moyen tant que dure le temps sec.

VERGER.

Les arbres les plus vigoureux ne doivent se tailler qu'en mars et même en avril, afin de les rendre féconds

---

le degré d'influence de la lune sur les végétaux aussi bien que sur les animaux de notre globe. Ce qu'il y a de bien positif, c'est que la lumière réfléchie que nous transmet la lune est un stimulant, à un bien faible degré, comparé à celui de la lumière directe ; mais il n'est pas moins vrai que les plantes végètent avec plus de force en lune croissante qu'en lune décroissante, et que les graines mises en terre germent aussi plus vite et avec plus de force et de régularité ; en été, au temps des greffes, on trouve toujours une sève plus abondante en lune croissante. Sans doute cette influence est moins sensible que se plaisent à l'établir ses partisans ; mais elle n'en existe pas moins et rien ne pourra détruire les faits acquis par l'expérience et l'observation.

en les affaiblissant ; on veille l'épanouissement de l'Amandier, l'Abricotier et le Pêcher, pour les tailler et les attacher à leur treillage ; on donne les derniers labours et on achève de rabattre les sujets greffés ; on achève de semer les pepins de Poiriers, de Pommiers, ainsi que toutes les graines d'arbres qui n'auraient point été semées le mois précédent.

On continue de greffer en fente, en couronne et toutes les greffes par scions ; on commence à greffer en écusson à œil poussant les sujets qui sont en sève, tels que Mûriers, Poiriers, etc. (1) ; on commence l'ébourgeonnement des arbres et des vignes. En mars, on ne doit plus rien laisser à attacher, soit aux tuteurs, soit aux treillage, afin de ne point risquer de détruire les bourgeons. Les arbres mères, tels que les Lilas, Cognassiers, Alaternes, Fillaria, Lauriers tins, Boules de Neige, les Magnoliers, les Vignes, les Rosages, tels que Azalées, Rhododendrum, etc., doivent se marcotter à force pour augmenter le nombre des sujets. Pendant les nuits froides et pendant qu'il pleut, on couvre les espaliers fleuris d'Abricotiers et de Pêchers avec des paillassons, des toiles ou des perchées de fougères pour conserver leurs fruits.

Pendant ce mois, on commence à jouir des jardins ; ils doivent en conséquence se réparer et se rapproprier de tout ce qui laisse à désirer ; on commence à employer les couches pour faire avancer une foule de produits et pour rétablir les plantes malades ; on met à pousser les Dahlias, afin qu'ils produisent des bourgeons ou jeunes tiges. Ces jets se coupent ou s'étalon-

---

(1) Les greffes en écussons, que l'on fait en mars et avril, se lèvent sur des branches à bois garnies de boutons d'un an, qui ont été coupées avant qu'elles entrent en sève et que l'on conserve en lieu frais de la même manière que pour la greffe en fente. Les Mûriers, les Poiriers, les Acacias, les Tilleuls, les Maronniers d'Inde, les Pruniers, etc., se greffent en mars et avril.

nent pour en faire des boutures forcées (1), que l'on doit toujours planter de préférence aux tubercules : c'est le moyen d'avoir les fleurs de Dahlias dans leur plus beau.

On commence à sortir beaucoup de plantes de serres, telles que Orangers, Lauriers-Roses, Jasmins, Verveines, etc. : c'est le moment favorable pour les rempoter. Les plantes qui doivent rester encore un mois et plus, soit en serre tempérée, soit en serre chaude, doivent être abritées sur les vitrages contre les coups de soleil, soit avec des toiles, soit avec des claies, ou d'un lait de blanc d'Espagne.

Les semis des fleurs sont les mêmes que ceux qui sont indiqués pour le mois d'avril; mais ils doivent au moins être faits en bonne exposition chaude.

En mars, on a déjà, dans la Gironde, beaucoup de produits nouveaux qui ont été obtenus avec de légers abris, ainsi que sous des abris artificiels, mais seulement cultivés aux expositions abritées naturellement ; ainsi l'Oseille, les Epinards, les Laitues pommées et romaines, les Carottes, Brocolis rouges et blancs, Radis, etc.

Les fleurs sont abondantes ; on voit les Narcisses, les Jonquilles, les Jacinthes, les Printanières, etc.

AVRIL.

Dans tous les terrains sains (2), on ne devrait plus

(1) On appelle boutures forcées celles qui se font au moyen de chaleur artificielle et concentrée en les couvrant de cloches ; ce mode de reproduire les plantes a fait de nos jours de très-grands progrès et augmente sensiblement nos jouissances, car on obtient par son moyen des plantes qui fleurissent plus tôt des fleurs plus belles et de meilleurs fruits.

(2) On appelle terrains sains, tous ceux qui n'ont pas le défaut d'être aquatiques ou humides à l'excès dans l'épaisseur de la couche végétale.

avoir de place vide dans le potager, car on a dû semer en mars la plupart des graines potagères ; mais on a la mauvaise habitude, ou la multiplicité des occupations force à remettre de jour en jour ; le bon moment se passe, et le succès est compromis ; quelquefois aussi les premiers semis manquent, soit par de fortes gelées, soit par des pluies froides ; ainsi on recommence et on continue de semer : Betteraves, Carottes, Cardons, Céleri, Cerfeuil, Ciboule, Chicorée sauvage, idem frisée, idem Scarolles d'été, Concombres, Cresson alénois, Choux pommés variés, Choux-raves, Choux-navets, Epinards, Haricots (1), Laitues, Melons, Navets hâtifs, Ognons (2), Oseille, Panais, Persil, Pois variés, Poireaux, Pourpiers, Poirés à cardes (dits à Bordeaux joutes), Radis, Roquette, Salsifis, Scorsonère, Tetragone ou Epinard d'été.

On plante encore les Ognons du semis d'automne, dans les terrains frais ; on commence à mettre en place les Tomates, les Pimens, les Aubergines et tout ce qui doit se transplanter ; on donne les serfouissages. C'est en avril que l'on peut presque tout laisser à découvert, la nuit comme le jour, et cesser de faire usage des serres, des châssis et des cloches, à l'exception des Melons, des Concombres, des Citrouilles précoces et quelques autres plantes pour lesquelles on fait des couches sourdes (3),

---

(1) Aux expositions chaudes, on sème des Haricots de variétés hâtives, et en cas de gelée on les abrite ; mais pour les grands semis en plein air, on attend l'un des trois indices suivans : 1° le développement entier de l'épi du seigle ; 2° l'épanouissement de la fleur de l'aubépine, et 3° celui de la fleur du pommier.

(2) L'Ognon est une plante qui forme à elle seule une industrie, soit dans les champs, soit dans les jardins. Il y a deux époques marquées pour les semis en grand, et par conséquent aussi deux époques pour la transplantation ou l'éclaircissage ; ainsi, pour la saison du printemps, on sème le 1er mars pour replanter en mai ; pour la saison d'hiver, on sème le 1er août pour replanter en octobre et novembre.

(3) Une couche sourde est celle que l'on établit dans une tranchée d'environ cinquante centimètres de profondeur. Elle se remplit de

pour avancer soit la germination soit le développement Enfin on termine de déchausser les Artichauts, de les œilletonner et d'en planter à neuf.

ARBORICULTURE.

On s'empresse d'achever la taille des arbres, de la vigne et généralement de tous les arbrisseaux et arbres d'ornement, on achève l'échenillage; on termine les greffes par scions de tous les arbres et de la vigne; on doit être disposé à mettre à l'abri de la gelée et de la pluie les espaliers fleuris d'Amandier, de Pêcher, d'Abricotier, qui sont adossés devant les murs: c'est le moyen d'avoir des fruits tous les ans; on achève les labours au pied des arbres; on s'occupe sérieusement de l'ébourgeonnement de la vigne, des arbres fruitiers et de celui de toutes les greffes; on met des tuteurs à tous ceux qui en ont besoin (1).

JARDIN D'AGRÉMENT ET PARTERRE.

Les massifs ou bosquets des jardins paysagers doivent se labourer, leurs bordures se réparer et les allées être propres. Les graines que l'on peut semer en pleine terre sont très nombreuses; nous citerons les suivantes: Ambrette musquée, Adonide d'été, Ancolie, Amaranthes variées, Basilic idem, Balsamine idem, Belle de jour, Centaurées variées, Clarkia idem, Capucine idem, Collinsia bicolor, Coquelicot, Correopsis variés, Cynoglosse idem, Croix de Malte, Crépide variée, Dahlia idem, Datura idem, Eutoca idem, Escolzia idem, Ecré-

---

fumier neuf seul ou mêlé de feuilles sèches; on l'élève sensiblement et on la recouvre avec la terre sortie de la fouille; elle doit être fortement bombée à cause de l'affaissement qui se produit.

(1) Il n'est pas avantageux de mettre des tuteurs à tous les arbres indistinctement, il n'y a que ceux qui ont besoin d'être dressés et ceux qui doivent être maintenus contre les coups de vent; le tuteur étant un reflecteur nuisible, on ne doit point l'employer sans nécessité.

mocarpe grimpant, Fedia Gricilis, Fraxinelle, Gaillardia, Geun cocciné, Gillias variés, Haricot d'Espagne idem, Hellenium, Immortelle, Ibéride blanche, Ipomées variées, Lotiers idem, Lupins idem, Malopée idem, Mauves idem, Muflier idem, Nigelle idem, Nolane couchée, Onagres variés, Œillets idem, Pavots, Pensées, Pieds-d'Alouettes, Quarantaine variée, Reine-Marguerite, Réséda, Rose d'Inde, Sainfoin d'Espagne, Salpiglossis, Soucis, Thlaspis variés, Valériane idem, Volubilis variés, Zinia idem.

Parmi ces espèces, ci-notées, les suivantes ne peuvent se transplanter : Adonide, Coquelicot, Nigelle, Pavot, Pied-d'Alouette, Réséda et Volubilis.

Il est temps de sortir les Orangers et toutes les plantes de serres tempérées et de commencer sérieusement les rempotages devenus nécessaires (1).

Lorsque la végétation est en retard, on jouit encore de la floraison des Jacinthes (2), des Narcisses, des

---

(1) Il y a le rempotage et le demi-rempotage ; on appelle ainsi changer les plantes de terre. Le premier se fait ainsi : on sort la plante du pot avec toute la terre ; on ébarbe avec une lame tranchante toutes les racines qui tapissent les parois du pot ; on fait tomber une bonne partie de la terre d'entre les racines ; on mesure la grandeur que doit avoir le vase pour le proportionner à la plante. (Il est toujours préférable qu'il soit plus petit que plus grand, la floraison en est hâtée.) Le vase choisi, on met un tesson pour couvrir l'ouverture ; ce tesson doit s'appliquer exactement afin que les vers de terre ne puissent s'y introduire lorsque le vase est posé par terre : on sait que ce mollusque qui se nourrit d'humus, s'il pénètre dans un pot de fleurs, a bientôt dévoré tous les sucs nutritifs destinés à la plante. Le demi-rempotage consiste à enlever autour de la plante la moitié de la terre et à la remplacer par d'autre.

(2) Les Jacinthes aiment un terrain sableux, fertile. On les arrache en juin, lorsque les feuilles sont jaunes ; on les laisse sécher quinze jours dans un appartement et on les serre, pour les conserver, jusqu'à la plantation qui a lieu en octobre ou novembre, dans des tiroirs d'armoires. On fait pousser et fleurir des ognons de Jacinthes dans des appartemens, sur des carafes remplies d'eau, ce qui énerve cette plante ; toutefois, si après la floraison on s'empresse de planter l'ognon en plein air, il se rétablit fort souvent, ou il produit des

Crocus, qui ordinairement passent fleurs en mars ; on voit en avril, s'épanouir les Tulipes, les Primevères, les Lilas, les Mérisiers les Cytisus, les Aubépines variées, etc.

Le potager produit force Radis, Asperges, Laitues et généralement toutes les herbes ; on commence sur la fin du mois à jouir des Pois précoces.

MAI.

Mois de mai, mois de Marie, mois des fleurs, c'est le plus beau, le plus décisif de l'année pour assurer le succès ou l'insuccès de nos récoltes. C'est le plus gai de l'année : aussi les citadins s'empressent-ils de venir s'établir à la campagne qui est parée de sa belle robe vert-tendre et garnie de fleurs aux plus éclatantes couleurs et aux mille formes : tout renaît, tout se ravive, et l'homme qui a besoin de savourer les délices du printemps, ne peut trouver ces douces jouissances qu'à la campagne ; c'est là qu'il peut jouir complètement de cette grande œuvre de la création de laquelle Dieu l'a fait roi.

Une des plus agréables distractions, et surtout pour les dames, à la campagne, c'est de s'occuper de jardins ; bêcher la terre, la râteler, former des planches, des plates-bandes, des allées, des sentiers ; semer, planter, arroser, serfouir, sarcler, récolter, préparer soi-même

---

cayeux. La culture en pot, qui a ordinairement pour but de forcer ou hâter la floraison, a aussi pour résultat de fatiguer les ognons ; on doit, quand la fleur est passée, mettre en pleine terre et attendre la maturité. Les mêmes ognons peuvent se replanter en pot, mais ne donneront jamais d'aussi belles fleurs que ceux qui ont été cultivés en pleine terre. Du reste, la vie de la jacinthe est bornée à un certain maximum d'accroissement ; il faut, avant ce temps, recueillir et soigner les cayeux qui doivent lui succéder.

ces entremets de légumes frais ; assaisonner la salade que l'on vient de cueillir, prendre part, en famille, de ce banquet champêtre, meilleur encore par l'appétit que donne l'exercice au grand air ; voilà l'un des bons côtés de l'existence : on vit plus pendant le mois de mai à la campagne que pendant les six mois d'hiver à la ville : heureux celui qui aime cette douce vie ! heureux celui qui cultive ses terres !

Dans le potager, on peut répéter tous les semis indiqués en avril, mais le Cerfeuil, l'Epinard, le Cresson alénois doivent se faire à l'ombre ; on sème en grand les Haricots ; on sème encore du Chou de Milan et de Bruxelles. Sur la fin du mois on sème du Chou-fleur ; on plante à demeure les Goumbaus, les Batates douces, des Tomates, des Pimens, des Choux pommés blancs de toutes variétés, l'Ognon, le Poireau, les Aubergines, les plants des diverses salades, etc., fréquens serfouissages (1) et arrosemens réguliers et copieux ; les Fèves, les Pois, les Ognons, les Choux, etc. donnent leur récolte.

ARBRES.

Une surveillance active, constante, doit être exercée sur le développement des arbres ; le palissage des espaliers (2), l'ébourgeonnement, sont deux opérations importantes qui doivent être faites avec soin ; le pincement s'applique aux arbres fruitiers (3) ; les greffes à

---

(1) Le serfouissage est le petit gueret donné à la terre autour des plantes avec la serfouette (cet outil est appelé sarcle dans la Gironde). Pour que cette opération soit bonne, il faut qu'elle soit pendant quelques jours aérée et séchée par le soleil ; ainsi il ne faut jamais arroser qu'après deux ou trois jours ce qui aura été serfoui.

(2) L'ébourgeonnement consiste dans la suppression des bourgeons naissans qui sont mal placés ou qui sont inutiles ; cette opération, appliquée aux arbres et à la vigne, a pour ces végétaux la même importance que le sarclage ou arrachage des mauvaises herbes dans un carré de choux ou de salade. Attacher avec méthode les bourgeons des espaliers contre un mur ou contre leur treillage, c'est palisser.

(3) Quand les Fèves, les Pois, etc., sont en pleines fleurs, et qu'à

œil poussant des Rosiers se commencent ; on fait celles en approche ; récolte des Fraises des Framboises, des Cerises, des Groseilles à grappes.

FLORICULTURE.

Les rempotages se terminent : on sort les plantes des serres chaudes ; on plante les Dahlias bouturés (1) ; on met en place tous les plants de fleurs qui sont assez forts ; on ressème de nouveau tout ce qui n'aurait pas réussi en avril.

Pendant ce mois, les jardins exigent des travaux assidus et multipliés ; on fauche les gazons, on ratisse et râtelle soigneusement pour que le jardin soit toujours en toilette ou en grande tenue ; les fleurs des jardins, ainsi que celles des champs, sont si abondantes qu'il serait trop long de les énumérer. C'est en mai que l'on fait la plus grand nombre de boutures.

La multiplication des végétaux par boutures joue un grand rôle en horticulture, parce que ce moyen qui augmente, suivant nos désirs, le nombre des plantes qui méritent nos affections, a aussi pour résultat de créer des plantes qui sont plus fécondes que par les deux autres voies de multiplication, le semis et la marcotte. On fait des boutures avec une portion de la tige, une portion des racines et avec des feuilles ; les boutures de tiges sont de cinq sortes : 1° en plançon : c'est planter une latte de peuplier, d'aubier ou saule, etc. ; 2° simple : c'est une portion de la dernière pousse munie d'un cer-

---

leur base on voit de petites cosses formées, on coupe ou rogne entre le pouce et l'index le sommet de la tige, c'est pincer ; le pincement est aussi utile aux arbres et à la Vigne qu'aux Fèves.

(1) Lorsque les touffes de Dahlias mises en terre sur couche ou sous châssis, ont jeté des bourgeons, on les coupe pour en faire des boutures en petits pots sur cloches, en serre ou sous châssis, pour les mettre, après leur reprise, en pleine terre ; c'est le moyen d'obtenir les fleurs les plus parfaites, l'expérience ayant démontré que c'est en affaiblissant les Dahlias que l'on obtient ce résultat, lequel du reste est général sur tous les végétaux.

tain nombre de boutons, dont la moitié est enterrée et la moitié hors de terre ; 3° à talon : c'est une pousse d'un an que l'on coupe rez tronc pour avoir l'empâtement du point de jonction ; 4° bouture à crosettes : c'est une pousse de l'année avec une portion du bois de deux ans ; 5° boutures bourrelet : les arbres qui sont durs à la reprise sont traités à l'avance, on provoque soit un an soit six mois la formation de bourrelets, en faisant des incisions circulaires à la partie que l'on veut bouturer.

Les conditions à remplir pour le succès des boutures, c'est de leur fournir une chaleur humide, un air stagnant proportionné à leurs besoins particuliers.

Tous les végétaux peuvent reprendre de boutures ; ceux qui réussissent facilement, leurs boutures se font à l'air libre : on les appelle boutures naturelles ; les autres sont des boutures forcées, boutures étouffées ; ces dernières se font dans des serres chaudes, sous des châssis, sous des cloches, etc.

Comme la transplantation de ces boutures artificielles est très éventuelle, on les a faites dans de très petits pots en les serrant fortement sur l'un des côtés ; on réunit ces pots contenant chacun une bouture, on les mouille légèrement et on les met sous une cloche qui les prive d'air pendant huit, douze, vingt jours, après quoi, tout en tenant la cloche dessus, on donne de temps à autre un peu d'air pour les y habituer graduellement ; quand les racines sont formées et ont pris déjà quelque force, on les met en place en conservant toute la terre du pot pour que les racines n'éprouvent aucun dérangement.

Quelques horticulteurs emploient un moyen pour faire des boutures et pour faire éclore des Melons forcément, c'est le suivant : former des godets avec de la bouse de vache, les remplir de terre, y planter une bouture ou y semer quelques graines de melons ; enterrer ces godets sous cloches ; après la reprise de la bouture, avant que ces racines aient traversé les parois du godet, on les met en place avec le godet qui les contient.

Nous approuvons parfaitement cette idée, mais nous croyons que si les godets étaient faits avec demi-bouse de vache et un demi de terre glaise, ils vaudraient mieux.

JUIN.

Ce mois, pendant lequel finit le printemps et commence l'été, est le mois de résultats assez importans dans les jardins aussi bien que dans les champs. Les semis qui doivent succéder, se font à l'ombre d'un mur ou bien d'un rideau d'arbres; on fait en grand les derniers semis de Betteraves, de Carottes, de Salsifis, de Haricots; on commence à semer tous les Navets, les Radis noirs, les Chicorées frisées et Scarolles; on continue les semis de Choux-fleurs et on fait ceux de Choux-brocolis blancs, rouges et Choux-fleurs de Malte; c'est dans ce mois que les arrosemens doivent être copieux (1). Les produits abondent, on doit avoir de tout; on doit récolter les derniers Melons des semis faits sur couches spéciales en décembre et janvier, appelée culture sous châssis, forcée ou de primeur.

ARBORICULTURE.

On continue le palissage des espaliers pour maintenir l'équilibre de leur végétation (2); on continue l'ébour-

(1) L'arrosement le plus puissant est l'irrigation qui consiste à humecter la terre en faisant courir l'eau dans les rigoles parallèles, ou en la faisant filtrer dans la couche végétale, ou en faisant submerger le sol; moyen peu connu et encore moins pratiqué dans la Gironde, où il produirait en été des résultats prodigieux.

(2) Lorsqu'un espalier a une de ses parties sensiblement chétive, on la rétablit par le palissage. On obtient ce résultat en fixant par des ligatures les parties vigoureuses dans un plan incliné, et celles qui sont faibles dans une position verticale.

geonnement et l'on supprime les bourgeons gourmands (1). Les greffes à œil poussant et en approche se continuent ; on doit avoir soin de donner des façons aux arbres, afin de ne pas les laisser envahir par les herbes.

Vers la fin du mois, on récolte déjà des Poires Amiré Jouannet, Muscat Robert, appelées à Bordeaux Petit et Gros Saint-Jean, l'Abricot précoce et les Prunes hâtives jaunes et vertes.

FLEURS.

Les travaux de ce mois ne sont qu'une continuité de ceux du mois précédent ; de plus, on met en place toutes les fleurs d'automne, telles que Balsamine, Belle-de-nuit, Passe-velours, Rose d'Inde, Reine-Marguerite, Zinias, etc. (2).

C'est à la fin du mois, vers le 20, que l'on doit tailler les Rosiers remontans, afin d'assurer une bonne floraison pour le milieu de l'été.

JUILLET.

Ce mois est un temps de transition pour les travaux de jardinage, c'est-à-dire qu'il est un terme pour les semis et les plantations qui doivent donner leur récolte

(1) Les bourgeons gourmands naissent sur la tige et sur les mères branches; ils se distinguent en outre par le plus grand écartement des yeux, et par une plus grande amplitude.

(2) Une grande attention, on peut dire un petit secret du métier qui n'est pas connu de beaucoup de personnes, c'est l'arrosement que l'on donne aux plants qui viennent d'être plantés par les temps chauds; c'est ordinairement le soir que se fait cette opération; après quoi, on arrose, puis on arrose le soir du lendemain, et ainsi jusqu'à la reprise; pour assurer cette reprise, les plants, repiqués le soir, sont de suite arrosés; et le lendemain, au point du jour, ils le sont de nouveau. Nous nous sommes toujours bien trouvé d'en agir ainsi.

avant le 15 décembre; c'est aussi pendant son cours que se commencent les travaux de prévision pour les cultures qui passent l'hiver et se récoltent au printemps suivant. Pour les produits qui viendront avant le 15 décembre, on sème dans le potager : Betteraves hâtives, Carottes courtes et demi-longues, Haricots nains hâtifs, tous les Navets, les Radis noirs, les Chicorées frisées et Scarolles, divers herbages (mais à l'ombre), tels que Cerfeuil, Epinards, Raiponce, Laitues, les Pois (1); on plantes les Pommes de terre (2); on met en place les Choux de Milan, les Choux-fleurs ordinaires, les Choux-fleurs de Malte, et sur la fin du mois, les Brocolis blancs et violets. On surveille la récolte des graines; on arrose abondamment (3). Pour les travaux

---

(1) La récolte d'automne des Pois tendres est un objet fort important et qui donne souvent de très beaux profits à ceux qui s'occupent de cet article; ainsi semer des Pois Michaut ou toute autre variété hâtive du 20 au 30 juillet, on a ordinairement, dans la Gironde, une cueillette abondante, qui commence vers le 15 septembre et se continue souvent jusque vers le milieu de novembre.

(2) On conserve des Pommes de terre hâtives, en ôtant leur germe chaque fois qu'ils s'allongent; on a par ce moyen d'excellens tubercules mères qui plantés en juillet donnent en novembre de fort beaux produits; à défaut de tubercules conservés, on emploie ceux de la récolte de juin, que l'on fait germer sur le sol d'une cave ou dans une serre.

(3) Nous avons parlé de l'irrigation comme de l'arrosement le plus puissant; mais ce moyen ne peut être appliqué que là où les eaux environnantes sont abondantes et près de la surface du sol. Un autre moyen économique d'arroser, c'est de se servir de tonneaux portés sur une charrette ou sur un traîneau, et de distribuer l'eau avec un tube percé, ou bien avec un tuyau à l'extrémité duquel s'adapte une pomme d'arrosoir. Les arrosemens à bras, en portant et distribuant l'eau avec les arrosoirs, sont le moyen le plus généralement employé; mais comme tous les détails des travaux mensuels de l'horticulture doivent être raisonnés en vue de l'économie, on arrose comme suit : 1.° à grande eau : c'est vider l'eau tout d'un coup par l'ouverture supérieure de l'arrosoir sur une fosse de Potiron ou sur quelques pieds d'Artichauts; 2° à la douille ou au goulot, quand on verse l'eau par le tube au pied de chaque plante; 3° en plein : c'est verser l'eau par la pomme qui est percée de trous assez gros pour imiter une forte

de prévision, on sème, du 20 au 31, les Choux d'York, les Ognons, du Poireau, des Carottes, des Ciboules, du Salsifis et du Scorsonère.

ARBRES.

C'est le temps de veiller à l'entretien des espaliers. On fixe définitivement chaque bourgeon à la place qu'il doit occuper ; on effeuille modérément le voisinage des fruits pour qu'ils prennent leur coloris ; mais cette opération ne doit se commencer que huit jours avant la maturité ; on continue l'ébourgeonnement ; on commence à greffer en écusson à œil dormant les sujets de Pruniers Saint-Julien et autres, sur lesquels on fait les Pruniers, les Abricotiers et les Pêchers ; les greffes à œil poussant des Rosiers se continuent ; on ne doit point négliger l'ébourgeonnement des arbres en pépinière ; on fait la tonte des charmilles, celle des haies et autres arbres et arbrisseaux formant rideaux et berceaux.

JARDINS D'AGRÉMENT. — FLEURS.

On achève de mettre en place tous les plants de fleurs d'automne qui avaient été mis en pépinière le mois précédent. C'est en juillet que se replantent le Lis blanc et plusieurs plantes bulbeuses, telles que les Amarillis d'automne, la Belladonne, etc. On ratisse et râtelle soigneusement les allées et toutes les pièces de jardins ; on met des tuteurs aux plantes qui ont besoin d'être maintenues contre les coups de vent. Si l'on a des vitrages dehors, il est nécessaire, lorsqu'un orage menace, de les couvrir, en cas de grêle, avec des paillassons, des claies ou tout autre objet, pour les préserver. On sème encore du Résada, du Gazon de Mahon, des Thlaspics,

---

pluie : l'application s'en fait sur des plantes fortes ; 4° on donne un bassinage quand l'eau se verse avec la pomme percée de trous très petits, de manière à imiter une pluie fine ; on arrose ainsi les plantes faibles et les terrains en pente en la répétant à plusieurs reprises jusqu'à ce que le sol soit complètement humecté.

des Nigelles, des Centaurées, des Passe-Roses, des Œillets de poète et généralement toutes les plantes bisannuelles de pleine terre, dont le semis, fait pendant ce mois, assure la floraison au printemps et pendant l'été suivant, aussi bien que si le semis eût été fait dans la saison précédente. On peut, vers la fin du mois, commencer le marcottage des Œillets (1); si l'on a des arbrisseaux dont les boutures et les marcottes sont d'une reprise lente, on choisit les parties que l'on devra employer pour ce genre de multiplication, et l'on pratique, en juillet, l'incision annulaire pour provoquer la formation de bourrelets qui devront assurer et hâter la reprise des boutures et des marcottes, qui devront se faire au commencement du printemps suivant. Comme dans les mois précédens, on doit faire une chasse active aux insectes et animaux nuisibles, en détruisant les uns et en éloignant les autres par tous les moyens possibles (2).

---

(1) Le marcottage des Œillets est une opération importante pour multiplier et rajeunir cette plante : on y procède ainsi : on laisse souffrir de soif la plante afin de rendre plus souples les tiges à marcotter ; on effeuille leur base et on coupe le sommet des feuilles ; on garnit de terreau le pourtour de la plante ; ce terreau se mêle par un labeur soigneux ; on fait à la partie qui doit se couper une double incision, la première traversale à la base d'un nœud allant jusqu'au milieu, et la seconde verticale en remontant jusqu'à la rencontre d'un nœud supérieur ; on couche en terre dans un rayon, on fixe au moyen d'un crochet ou d'un morceau de bois recourbé ; on forme autour du pied marcotté un bourrelet de terre qui retient l'eau des arrosemens qui doivent être fréquens ; la reprise se fait dans un mois, après lequel on peut les sevrer pour les mettre en pépinière ou même en place.

(2) Le chasse la plus importante est celle des hélices ou escargots et des limaces : ce dernier molusque est appelé loche dans la Gironde ; c'est à leur destruction que l'on doit travailler ; c'est par un temps pluvieux, le soir et partout où ils se cachent pour passer la journée ; cette chasse est facilitée en plaçant à leur portée des épluchures de cuisine, et en mettant à côté de ces débris, soit de petits paquets de bois menus, soit des planches couchées sous lesquels ils vont se cacher. Les araignées qui font beaucoup de dégâts dans les plantes faibles, s'éloignent par des arrosemens fréquens ainsi que par des serfouissages répétés aussi souvent que possible. La courtillière,

La récolte a pris une extension considérable, les produits abondent et sont plus consistans parce que la maturité est acquise. Il serait trop long d'énumérer toutes les productions qui se trouvent sur nos riches marchés au jardinage ; les Melons de couches sourdes et de cloches se récoltent ; les Fraisiers de quatre saisons donneront encore de bonnes récoltes si on a soin de les tenir propres, de couper les coulans, de leur donner une couche de terre nouvelle, et de les arracher fréquemment. On a en juillet des Abricots, des Prunes, des Pêches hâtives, des Figues, des Poires mouille bouche, la Madeleine ou Citron des Carmes ; sur la fin du mois mûrissent les Raisins Madeleine noirs et blancs et le Muscat noir précoce.

AOUT.

Mois de chaleur, de sécheresse, temps favorable à l'horticulteur, parce que lui seul produit en abondance et vend conséquemment à des prix plus élevés, ce qui

---

connue dans la Gironde sous le nom de barre, est l'insecte le plus redoutable dans les jardins ; un terrain peut être débarrassé par une submersion qui les fait fuir ; mais il faut les tuer à mesure qu'elles sortent de terre ; de tous les moyens indiqués par les ouvrages d'agriculture, tels que vases enterrés, contenant un peu d'eau, des caisses remplies d'engrais et d'autres qui en détruisent plus ou moins, nous croyons rendre service à l'horticulture en indiquant les deux suivans : Un de nos collègues, M. Lacroix, avait remarqué que partout où il avait employé comme engrais dans son jardin le marc frais du vin, les courtillères étaient mortes ; il eut une certaine quantité de piquette gâtée, qu'il employa en arrosage dans les parties les plus infestées ; partout où l'application en fut faite l'insecte fut tué ; ces deux faits amènent à conclure : que l'eau chargée ou mélangée d'une certaine quantité, soit de vin gâté, soit d'esprit de vins, soit de vinaigre, sera un moyen puissant pour la destruction de cet insecte.

On plante impunément dans un terrain infesté, soit des Choux, soit tout autre plante, en enveloppant chaque plant d'un tube d'écorce de saule (aubier) depuis son collet jusqu'à la sortie de terre ; cette enveloppe a ordinairement cinq à six centimètres de longueur.

lui promet de bons bénéfices ; d'autre part, la chaleur excite à faire un fréquent usage de légumes frais.

Si, pendant le mois précédent, on doit commencer les travaux de prévision, c'est pendant le cours de celui-ci qu'on y procède d'une manière complète : on peut dire que le mois d'août est le premier de l'année horticole. On doit créer les pépinières les plus variées pour tous les produits du potager, ainsi que pour le jardin d'agrément dont on devra jouir le printemps suivant ; ainsi, dès le 1er, on sème : les divers Ognons, les Chicorées frisées de Meaux, les Scarolles d'hiver, les divers Navets, la Mâche ou Doucette, du Poireau, du Salsifis, du Scorsonère, de la Carotte hâtive, tous les Choux d'York et autres pommés hâtifs, des Radis, des Laitues gottes et de Passion, connues dans la Gironde, la première sous le nom de Babiane petite, la seconde grosse Babiane ; Laitue brune d'hiver, la Romaine rouge d'hiver et la Romaine verte ; des Epinards, du Cerfeuil, du Cresson alénois, appelé à Bordeaux Anitor, mais ces trois derniers articles encore à l'ombre. On ne doit pas oublier que dans notre climat le mois d'août est l'époque favorable pour établir à neuf des carrés d'Artichauts (1) ; on ne doit voir

---

(1) Le renouvellement des Artichauts en août est une excellente opération, car à cette époque on a de fort bons œilletons, qui ont le temps de faire une bonne reprise pour traverser l'hiver; ils sont aussi plus faciles à abriter. Nous avons vu à Macau, quartier où la culture des Artichauts se fait en grand, employer les tiges qui ont donné leur produit comme plant; nous ne savons si ce plant vaut l'œilleton; mais il faut croire qu'il y a un certain avantage, puisque les praticiens en font une application suivie. Il nous reste à ce sujet des observations à faire pour juger définitivement du mérite de cette pratique.

A propos d'Artichauts, nous croyons utile de citer le passage suivant de M. Audot, extrait du *Bon Jardinier* de 1847 : « J'ai vu en plu- » sieurs lieux, en Italie, faire un usage tout particulier des tiges de » l'Artichaut. On courbe la plante à angle droit, en rassemblant les » pétioles, et l'on butte de manière à faire blanchir; il en résulte une » bosse qui donne son nom italien *Gobbo* (bossu) à cette partie. Le » Gobbo se sert crû sur table et se mange avec du sel; il est tendre, » et nos cuisiniers en tireraient un bon parti. C'est en automne et en

dans les jardins aucun espace vide, tout doit être en rapport.

Vers le milieu du mois, on met en place les Choux-fleurs, les Brocolis, les Choux de Milan ou pommés frisés, les Chicorées, les Scarolles, les Laitues de Gênes et blondes d'été, appelées à Bordeaux, la première Jeune Brune, la seconde Fidèle.

ARBRES.

C'est le moment de commencer les greffes en écussons à œil dormant de tous les arbres fruitiers ; mais il ne faut faire qu'à la fin du mois et même dans la première quinzaine de septembre, celles des fruits à noyaux, tels que Cerisiers, Pêchers, Amandiers, Abricotiers ; ces greffes faites tardivement sont moins sujettes à la gomme qui en fait périr beaucoup quand on les a faites plus tôt. On ébourgeonne encore ; on applique l'opération du pincement dans le but de faire grossir les branches à bois et provoquer la formation de nouveaux boutons à fruits ; on continue le palissage des espaliers et contre-espaliers (1) ; on effeuille modérément les fruits pour

---

» hiver que j'en ai vu ; ils remplaçaient avec avantage les radis qui » étaient absens. »

On sait que les Artichauts ne sont plus en production avantageuse après quatre ans. On doit en conséquence se disposer à les remplacer lorsqu'ils ont trois ans; on pourrait faire mieux encore : ce serait de partager sa culture en deux parties égales et replanter tous les deux ans. Quand on détruit un vieux carré d'Artichauts, on le fait à l'automne; on peut le mettre en cave à blanchir et employer les feuilles comme celles du cardon, c'est une ressource pour l'hiver. Quelquefois, à l'approche des gelées, il se trouve de jeunes pieds d'Artichauts garnis de têtes nouvelles ; pour en tirer parti, on arrache ces pieds, on coupe une partie des feuilles, on les plante en rigole à l'abri de la gelée, on les arrose ; les têtes grossissent et se consomment en hiver.

(1) On appelle espalier un arbre qui se taille en forme d'éventail et qui occupe du pied à son sommet la surface d'un mur ; le contre-espalier est un arbre de même forme, mais placé en plein air et soutenu par un treillage ; le Pêcher et l'Abricotier sont conduits sur cette forme ; mais on se trouve aussi très bien d'avoir des espaliers de Pruniers, de Cerisiers, de Poiriers et même de Pommiers, on a des fruits

donner accès à l'air et à la lumière, à l'approche de la maturité ; on continue de greffer les Rosiers à œil dormant.

FLEURS ET JARDINS D'AGRÉMENT.

On fauche soigneusement les gazons, on entretient en bon état de propreté les allées et toutes les pièces du jardin. C'est du 20 au 30 de ce mois qu'il est convenable de s'occuper du second rempotage annuel ; il serait bon que chaque plante reçût chaque année un rempotage et un demi-rempotage ; quelques-unes se trouveraient bien de deux rempotages, parce que les fréquens arrosemens qu'on est obligé de leur donner dissolvent rapidement l'humus de leur terre ; or il est évident que plus on la renouvellera souvent et plus la plante prospérera. Du reste, l'opération du rempotage étant une des plus savantes de l'horticulture, les commençans ne doivent l'entreprendre que d'après les conseils et mieux encore sous la direction d'un praticien expérimenté qui possède les connaissances requises pour cet objet ; ces connaissances portent particulièrement sur la physiologie végétale, sur les mœurs (si l'on peut s'exprimer ainsi) de chaque plante soumise à cette opération et sur les terres que l'on a besoin de préparer afin d'en composer une sorte qui convienne au plus grand nombre ; ainsi la terre normale ou franche légère est dans notre climat convenable au plus grand nombre des plantes exotiques que nous cultivons en pots ; pour les autres, le terreau de feuilles et la terre de bruyère suffisent (1). On sème

---

plus beaux, plus tôt mûrs, et on a l'avantage de pouvoir les abriter des intempéries lors de la floraison.

(1) Quand on manque de terre de bruyère, on en compose de factice qui la remplace assez bien, c'est en tamisant du sable que l'on mélange avec du terreau de feuilles; cette dernière substance est remplacée avec avantage par l'humus des Aubiers ou Saules, ainsi que des divers arbres où les larves des lucanes, capricornes et autres scarabées habitent depuis longtemps ; ainsi nous avons observé chez

en août les graines qui suivent : Adonide, Centaurée, Clarkie, Coquelicot, Correopsis, Cynoglosse, Crépide, Escoltzia, Geum ou Benoite écarlate, Gillias, Muflier, Nigelle, Onagre, Pavot, Pensée, Pied-d'Alouette, Quarantaine, Thlaspics, Valériane. On continue de marcotter les Œillets (1), on soigne la récolte des graines en mettant à l'abri toutes celles qui ne peuvent s'éplucher de suite.

On profite du temps sec pour passer à la claie et au crible les terres de rempotage ; on les met à couvert, afin d'en avoir une bonne provision sous la main pour l'automne, l'hiver et le printemps suivant ; c'est une chose de grande importance.

Le mois d'août est marqué par un apport plus considérable sur nos marchés des produits de toutes sortes ; avec les légumes les plus variés, viennent les fruits en très grand nombre, ainsi les Poires Girardines (beurre blanc d'été), la Verte-Longue, le Beau-Présent, les Doyennés d'été, le Roi Louis, le Gros Rousselet, l'Epine d'été, l'Orange d'été, etc. ; les Prunes, les Pêches, les Figues. Les Melons abondent et sont très bons lorsqu'on les cueille à point (2). Les fleurs d'été sont devenues les

---

M. Ramat, dans sa propriété de Malande, diverses plantes et notamment des Camellias en parfait état de végétation, dans une terre composée d'un peu de sable tamisé mêlé avec l'humus des Saules ; les Azalées et d'autres plantes de terre de bruyères y vont à merveille.

(1) Les meilleures marcottes d'Œillets sont celles faites du 15 août au 15 septembre : la température moins élevée leur est plus favorable ; elles sont aussi bien moins exposées au ravage des insectes et après la reprise leur transplantation réussit mieux parce que le temps plus froid convient mieux à cette plante.

(2) Le département de la Gironde est riche en productions variées, parce qu'il possède toutes les natures de sol ; ses fruits sont très nombreux, bien variés et succulens ; mais il est rare que ceux apportés sur le marché des villes soient bons ; cela vient de ce qu'ils sont cueillis trop tôt avant la maturité. Pour avoir les fruits bons, il faut qu'ils soient cueillis mûrs, qu'ils séjournent un ou deux jours à l'air pour être débarrassés de l'eau de végétation qui était mêlée à leur musoco-sucré, ils sont alors parfaits. Au lieu d'être une bonne nour-

reines de nos jardins ; ainsi entre autres nous remarquons la série des Phlox, celle des Passe-Roses, des Verveines ; des Pétunies ; les Dahlias se montrent déjà avec orgueil ; les Roses perpétuelles ou remontantes, si justement appréciées, sont dans un épanouissement qui séduit et la vue et l'odorat. Une certaine quantité de plantes exotiques assez variées sont aussi en fleurs. Pour juger de leur mérite, nous engageons les amateurs à venir visiter le marché aux fleurs des Quinconces, le 14 de ce mois. Ce marché, le plus riche de l'année, offre un choix remarquable à tous égards ; mais l'amateur ne doit pas s'attendre à un prix réduit, car ce jour-là, le grand besoin de fleurs pour fêter les Marie, en emploie considérablement, ce qui fait que les prix se tiennent bien.

SEPTEMBRE.

Si le mois d'août est le temps par excellence pour l'horticulture industrielle et surtout pour celui dont le terrain, naturellement humide, se prête à un succès complet pour les cultures d'été, le mois de septembre amène un temps qui cesse de lui être favorable, et cela à cause de l'arrivée des premières pluies d'automne ; c'est le bon moment des terrains secs, ainsi que pour les personnes qui ont un jardin pour elles sans en faire un objet de spéculation : le temps fait plus de besogne qu'elles, et les récoltes s'obtiennent à peu de frais ; aussi il y a une différence considérable dans le prix des productions potagères : ce qui se payait six francs en

riture, les fruits verts ou échaudés sont nuisibles à la santé, c'est un poison. L'autorité ne saurait prendre trop de précaution pour les repousser du marché ; elle forcerait par là le producteur à se tenir sur ses gardes.

août ne se paie que trois francs en septembre, souvent la différence est encore plus sensible.

On continue pendant ce mois les mêmes travaux de prévision qu'en août ; on fait les mêmes semis et les mêmes plantations, soit en place, soit en pépinières, pour les récoltes du printemps ; seulement on plante pour récolter en hiver des Chicorées, des Scarolles ; il n'est plus nécessaire de faire de semis à l'ombre ; au contraire, certains, tels que Radis, Epinards, Cerfeuils, Cresson, se font à des expositions chaudes (1) ; les autres semis se font en plein air (2).

Le moment le plus favorable pour replanter les Fraisiers, les bordures d'Oseille et celles de toutes les plantes vivaces, est le mois de septembre ; elles se fortifient par une bonne reprise avant les froids, soutiennent bien à l'hiver, et donnent une jouissance complète l'année suivante.

C'est en septembre que l'on commence à se préparer pour la culture artificielle, forcée ou de primeur ; ainsi on s'approvisionne d'engrais de litière pour faire les couches ; on construit les coffres, on met les châssis en état, on prépare les terreaux qui doivent former sur les couches la terre végétale des primeurs ; on s'occupe de la construction des premières meules de Champignons. On butte les unes et on empaille les autres pour

---

(1) L'exposition chaude est celle dont le sol est incliné vers le sud, ou c'est un terrain abrité du nord par un mur, une haie, une montagne, une forêt, etc.

Cette exposition, que l'on appelle du Midi, est favorable pour les cultures du printemps, d'automne, et pour celles des végétaux d'un climat plus chaud que le nôtre, tels que le Figuier, le Grenadier, le Câprier, l'Olivier, le Jujubier, le Pistachier, etc.

(2) Semer en plein air, c'est choisir l'endroit du jardin le plus découvert, celui qui reçoit en plein de tous côtés l'air et la lumière. Les végétaux les plus robustes sont ceux qui jouissent de la plus grande somme d'air. Pour cet objet, si les cultures en lignes sont orientées de l'est à l'ouest, les plantes auront plus d'air, puisque le vent d'ouest domine sur le territoire français.

les faire blanchir : ce sont le Céléri, les Cardons, les Cardes poirées, la Chicorée frisée, la Scarolle, etc.

ARBRES.

On donne la dernière façon aux arbres des pépinières ainsi qu'aux pieds de ceux des vergers ouplacés dans les autres cultures. Avant le 15, on doit achever toutes les greffes par gemme (1), qui restaient pour cette époque, ce sont ; les Pêchers sur franc, les Abricotiers sur Mirobolan, les Amandiers et les Pommiers. C'est en septembre que le Raisin arrive à maturité ; on se prépare à sa récolte qui est la plus importante pour notre département : dans les jardins on doit effeuiller modérément pour obtenir un beau coloris (2). Cet effeuillage, qui n'est guère appliqué chez nous que pour la Vigne, aurait le même avantage si on l'appliquait aux arbres fruitiers et particulièrement à ceux qui se taillent tous les ans ; ainsi les espaliers, les contre-espaliers, les quenouilles, les gobelets, etc., dont l'ébourgeonnement n'a pas été rigoureux, ont surtout besoin d'un effeuillage bien entendu.

---

(1) Les greffes se divisent en trois sections : la première, les greffes en approches qui se font pendant tout le printemps, a rapport aux marcottes ; la deuxième, les greffes par scions, dans laquelle est la greffe en fente, se font avant la pousse, ces greffes ont du rapport aux boutures ; la troisième section, les greffes par gemme, dont la principale est l'écusson, se font pendant le printemps à œil poussant, et se répètent jusqu'à la fin de l'été à œil dormant ; ces greffes ont une parfaite analogie avec les semis.

(2) Lorsque l'ébourgeonnement a été bien fait, on peut se dispenser d'effeuiller, et cela vaut toujours mieux, car les feuilles nourrissent les fruits ; toutefois, lorsqu'il devient nécessaire de le faire, soit sur la vigne, soit sur les arbres fruitiers, on doit y procéder avec prudence en y venant à plusieurs reprises pour éviter une trop brusque transition ; on ne doit pas oublier que ce n'est que pour obtenir un coloris plus vif que se pratique l'effeuillage et non pour hâter la maturité ; pour ce dernier résultat, c'est en pratiquant un mois et demi ou deux mois à l'avance l'incision annulaire des branches au dessous des fruits qu'on l'obtient ; on sait que cette incision consiste à faire l'enlèvement d'un anneau d'écorce d'environ deux centimètres de largeur.

FLEURS.

Les pluies de septembre qui dispensent d'une grande dépense de main-d'œuvre (les arrosemens), permettent de donner plus de soins aux autres travaux ; ainsi on doit voir les jardins dans leur grande beauté sous le rapport de la tenue et celui de la plus grande fraîcheur des plantes et du coloris plus vif des fleurs.

On s'occupe déjà des premiers travaux de constructions de nouveaux jardins ; c'est le moment le plus favorable pour effectuer les transports de terre : la main-d'œuvre est plus facile à obtenir.

On peut répéter les mêmes semis de fleurs qu'en août ; sur la fin du mois on repique ou même on met en place celles du semis du mois précédent, telles que Clarkia, Correopsis, Cynoglosse, Crépide, Escoltzia, Geum, Gillia, Muflier, Onagre, Pensée, Quarantaines, Thlaspics, Valérianes.

La richesse en produits maraîchers, en fruits et en fleurs est si grande que l'énumération en serait trop longue : les Dahlias sont dans toutes leur beauté, ainsi que les Rosiers remontans. Sur la fin du mois on voit s'épanouir les Asters, les Anthémis qui viennent terminer le règne de Flore : celui de Pomone cesse aussi, car c'est vers la fin de septembre que l'on commence à cueillir les fruits, cette besogne se fait par un beau temps après que la rosée a disparu.

OCTOBRE.

Une chose très importante, de laquelle l'horticulteur doit être bien pénétré, c'est l'avantage qu'il y a, pour s'assurer de copieuses récoltes printanières, de semer et de planter tous les végétaux qui peuvent résister à l'hiver. Dans la Gironde, où les froids sont rarement rigoureux, on peut, dans les terres sèches et aux expositions abritées du nord, aventurer beaucoup d'articles, tels que Carottes courtes, hâtives et demi-longues, Cerfeuils, Cressons Alénois, Epinards, Laituées pommées et romaines d'hiver, Mâche ou Doucette. Sur la fin du mois, on fait en grand les plantations d'Ognons provenant des semis de fin juillet et commencement d'août ; on forme des pépinières de Choux pommés précoces, tels que Choux d'York, cabage, pain de sucre, cœur de bœuf, de Bacalan et autres, lesquelles pépinières, abritées en hiver pendant les nuits froides, fourniront d'excellens plants que l'on peut mettre en place fin janvier et commencement de février; souvent aussi on met en place en octobre les plants de Choux des semis du mois d'août. On commence à planter les Asperges (1), et si on doit en faire des semis, il est temps de s'en occuper, car ceux d'automne valent toujours mieux que ceux faits au printemps. On plante l'Ail et les Ognons porte-graines; on achève de replanter à neuf les plantes vivaces, telles que les Fraisiers, Oseilles, Estragons, Thym, Marjolaine, Hysope, Lavande, etc. On continue d'approprier à la consommation, en les faisant blanchir par la privation de la lumière, certaines plantes, telles que Céléri, Cardons, Chicorées frisées et Scarolles; on récolte les Giraumons, les Potirons et les Citrouilles. Ces énormes fruits se laissent sécher et se conservent placés sur des étagères dans des locaux où ils puissent être à l'abri de l'humidité et de la gelée.

VERGER.

C'est en octobre que l'on procède à la récolte des

---

(1) La plantation d'Asperges est une des opérations de première importance du jardin; la production devant se maintenir à partir de la deuxième année pendant vingt ans, on ne saurait prendre trop de précautions pour bien établir l'aspergière. Dans tous les terrains sains, on plante en octobre, en novembre et jusque fin février. Comme les Asperges renouvellent leur appareil de racines au-dessus de l'ancien, il est nécessaire de faire chaque année un remblai d'environ cinq centimètres, de sorte qu'établie dans une fosse, l'Aspergière se trouve après dix ans sur un ados par suite des remblais successifs.

fruits. Cette opération se fait par un beau temps, de dix heures du matin à trois heures du soir ; les fruits que l'on veut conserver se cueillent à la main et se placent doucement dans des corbeilles ou dans des paniers, puis ils se portent dans des locaux aérés, où ils restent quelques jours ; après quoi on les place dans le fruitier (1). On s'occupe ensuite du soin des arbres, en fournissant à leurs pieds soit des engrais, soit de bonnes terres neuves que l'on enterre par un labour. Dans les pépinières on fait le dernier élagage des arbres à hautes tiges ; on peut déjà dans les terrains sains s'occuper de plantations ; mais si l'on doit planter des arbres qui ont encore leurs

---

Pour établir l'aspergière on creuse un fossé d'environ un mètre et demi de largeur sur environ 80 centimètres de profondeur ; on forme dans le fond une couche d'engrais mêlés à des amendemens de toutes sortes ; on place sur deux ou trois lignes, des plants de deux ou trois ans, distans l'un de l'autre de 40 centimètres, en ayant soin que les rangs des côtes soient à 20 centimètres des bords du fossé ; chaque pied est placé sur un petit monticule de terre; ensuite on garnit de bonne terre végétale en nivelant de manière que le sommet de chaque plant n'ait que 3 ou 4 centimètres de couverture. Les fosses d'Asperges doivent toujours égoutter leur eau dans un fossé transversal en contre-bas de leur pente et qui les débite hors du jardin. Les ados qui ont reçu la terre de fouille se cultivent de plantes basses, telles que Radis, Laitue, Pois et Haricot-nain, etc. Pendant la végétation des Asperges on doit les entretenir propres par de fréquens serfouissages.

(1) Le fruitier est un local dans lequel on conserve pendant l'hiver la provision de fruits de toutes sortes. Ce local doit remplir les conditions suivantes ; 1° que la gelée ne puisse y pénétrer ; 2° avoir des courans d'air au moyen d'ouvertures sur deux faces opposées ; 3° pouvoir au moyen de croisées et de contrevents, être privé d'air et de lumière, et 4° être complètement à l'abri de l'humidité. Les fruits se placent sur des étagères garnis de paille, de papier ou de mousse sèche à côté les uns des autres, et se visitent souvent pour en ôter ceux qui se gâtent : les fruits secs se conservent soit en tas, soit dans des futailles ou dans des sacs ; les raisins se mettent, étant bien essuyés, sur le plancher du fruitier, entre deux couches de paille et recouverts d'une toile qui ne doit se lever qu'au fur et à mesure de la consommation. L'état habituel du fruitier est d'être fermé : mais de loin en loin, pendant que le soleil luit, on ouvre pour renouveler l'air et chasser l'humidité pendant deux heures, puis on referme.

feuilles, il est important de les faire tomber dans la pépinière avant de les arracher, la bonne reprise est à cette condition.

Comme il est important que chaque chose se fasse en temps opportun et qu'il est aussi très avantageux d'avoir de la besogne faite, on peut, du milieu à la fin d'octobre, tailler les arbres en commençant par ceux dont les feuilles sont tombées, et par ceux aussi qui sont chétifs (1). On s'occupe du défoncement, du nivellement et du transport des terres; il est toujours bon que les fossés et les fosses où doivent se planter les arbres soient faits longtemps à l'avance, afin que les agens atmosphériques bonifient la terre de leurs feuilles et de leurs parois; on doit faire de ces besognes autant que possible en octobre.

FLEURS.

Ce que l'on doit avoir en vue en octobre, c'est d'effectuer tous les travaux qui ont pour but de se procurer de précoces jouissances; ainsi on replante les mêmes articles indiqués en septembre, puis on continue de semer en place : Centaurées variées, Clarkia, Coquelicot, Cynoglosse, Gillias, Gazon de Mahon, Nigelles de Damas et d'Espagne, Pavots, Pieds d'Alouettes, Pois de senteur, Soucis, Thlaspics; on commence à planter les Ognons de fleurs, Griffes et Pattes, telles que Perce-Neige, Narcisses, Jonquilles, Crocus, Jacinthes, Tulipes, Renoncules, Anémones, etc.

---

(1) Les arbres chétifs gagnent à être taillés en automne pour éviter une perte de sève qui aurait lieu si on ne les taillait qu'après l'hiver, ce qui les fatiguerait beaucoup. Commencée en octobre, la taille se continue tout l'hiver quand le temps le permet; mais on ne doit l'appliquer sur les Amandiers, les Abricotiers et les Pêchers, qu'au moment de leur floraison, dans le but de retarder leur végétation, ce qui est un bien pour ces arbres qui sont les plus sensibles aux transitions brusques de température qui sont très fréquentes chez nous, à cette époque.

Dès les premiers jours du mois, les plantes de serres chaudes qui ne seraient point encore dedans doivent être rentrées, et on s'occupe ensuite d'y mettre toutes celles de serres tempérées. Si pendant le mois des gelées blanches sévissent, elles commandent aussi de rentrer les Orangers et toutes les plantes qui se logent avec eux (1).

Une attention que l'on doit toujours avoir, c'est de ne rentrer les plantes que par un beau temps et quand leurs feuilles sont sèches; il faut aussi, avant de les mettre en serre, faire la recherche des insectes, des limaçons et limaces qui, cachés dans le feuillage, sont souvent très nombreux et difficiles à détruire une fois que les plantes sont serrées.

Les produits sont toujours très abondans sur nos marchés ; on y trouve des Haricots verts, des Pois tendres, la Chicorée, les Choux et toutes sortes de productions potagères. C'est aussi le moment de faire l'achat de sa provision de fruits, soit pour la fabrication de confiture, soit pour être conservés en nature.

Les jardins d'agrément sont encore bien ornés par l'épanouissement des Dahlias, des Asters, des Anthémis ; les Roses remontantes sont dans le moment de l'année le plus favorable pour la vivacité de leur coloris.

Il est encore des plantes exotiques, telles que les Sauges, le Begonia Coccinia du Cap, les Fuschias, les Verveines, les Thumbergias, les Petunias, qui, mises en pleine terre les mois précédens, forment des massifs admirables.

NOVEMBRE.

Les semis qui doivent se faire en novembre sont peu

---

(1) Dans la serre tempérée et dans l'orangerie, le commencement du séjour des plantes nécessite de donner beaucoup d'air; l'orangerie surtout doit rester ouverte aussi bien la nuit que le jour toutes les fois qu'il ne gèle pas, et si le froid sévit, la nuit seulement, du matin au soir l'orangerie doit être ouverte.

nombreux, et ce n'est que vers la fin qu'on y procède : ce sont les Fèves de marais et les Pois de toutes les variétés hâtives, tels que Pois Michaut et ceux appelés à Bordeaux Quarantains et Fleuristes. Si on sème peu en novembre, on peut continuer de transplanter tous les articles indiqués pour le mois précédent.

On se dispose sérieusement à surveiller les derniers produits qui doivent former l'approvisionnement afin d'en faire la récolte et mettre à l'abri, en cas de longues pluies ou de fortes gelées. Cette seconde cause de destruction des produits est du reste très rare en novembre dans le département de la Gironde. Toutefois si elle sévit, on doit mettre en silos (1) toutes les racines, ainsi que les plantes dont les feuilles doivent se blanchir, et dans la serre à légumes, les Choux-fleurs qui ne sont pas encore faits, les Cardons et les Artichauts qui marquent. On commence à organiser le chauffage des Asperges, soit sur place, soit en arrachant les souches des vieilles qui se suppriment (2). On commence à confec-

---

(1) Le mot silo est synonyme de souterrain ; le meilleur silo pour conserver les Pommes de terre, les Carottes, Betteraves, etc., est une excavation d'environ deux mètres de profondeur, couverte en paille ; une ouverture pratiquée à l'une des faces en forme de porte, allant jusqu'à la base ; cette porte se ferme avec un fagot de paille, et on y arrive par un chemin tournant et en pente douce.

Une fosse dans laquelle on stratéfie soit des racines, soit des Chicorées ou Céleris avec des feuilles sèches, ou avec la terre est une sorte de silo en petit.

(2) Le chauffage des Asperges joue un grand rôle dans la culture forcée ; par ce moyen on peut avoir des Asperges toute l'année à manger. Pour en avoir en hiver, on suit le procéde suivant : sur une planche d'Asperges qui a ou doit avoir quatre rangs, on creuse les sentiers à 50 centimètres ; on les remplit de fumier neuf, on met des châssis qui enveloppent et recouvrent la planche, laquelle est remblayée de 8 centimètres de terre végétale, celle-ci chargée de fumier allant près des vitres du châssis, lequel ne doit pas être élevé ; les Asperges ne doivent pas tarder à pousser ; aussitôt qu'elles traversent la couche de terre du remblai on enlève le fumier et on récolte au fur et à mesure qu'elles viennent ; quand les froids arrivent, on forme des réchauds de fumier neuf autour des châssis, et on couvre pen-

tionner ou monter les premières couches pour la culture forcée ; on sait que les articles qu'elle comprend ordinairement sont les Radis, la Laitue, les Epinards, les Haricots et Pois nains précoces, les Carottes, le Cerfeuil, le Persil, l'Oseille, le Cresson. les Fraisiers, les Melons, etc.

La culture forcée ou artificielle n'est pas du ressort du premier ouvrier venu ; pour y réussir il faut une étude pratique assez longue. Les principales conditions à remplir sont : de créer de la chaleur, soit au moyen de la fermentation de tous débris décomposables, soit avec un calorifère quelconque ; de conserver cette chaleur dans un local ou dans un point donné, et la faire servir à provoquer une végétation au milieu de l'hiver et amener des produits ; mais l'horticulteur purement théoricien ne peut se faire une idée juste de tous les soins de détails que comporte cette culture. Ici il faut maîtriser les principaux agens de la végétation, l'humidité, la chaleur, l'air, l'humus ; on doit les faire concourir simultanément et avec équilibre convenable au profit d'une récolte qui est bientôt perdue si cet équilibre se détruit, et il ne faut souvent qu'un oubli de cinq minutes pour tout perdre. L'horticulteur chauffeur ou primeuriste est tellement esclave qu'on ne saurait trop payer ses produits pour le dédommager de ses pénibles soucis.

VERGER.

On est pleinement en création de plantations nouvelles ; c'est du reste le moment le plus opportun de l'année pour tous les terrains secs, car les racines se forment pendant l'hiver, ce qui fait une grande avance

---

dant la nuit les vitres avec un bon paillasson ou avec des feuilles. Le second moyen est de planter de vieilles souches sur couches, qui continuent à donner jusqu'à épuisement moyennant que l'on maintienne la chaleur de la couche.

pour une bonne reprise (1). On continue de tailler les arbres, car, à l'exception du Pommier, tous les autres ont à peu près perdu leurs feuilles. On sème en novembre les Noix, les Châtaignes, les Glands, les Aubépines, les noyaux de Pêches, de Prunes, d'Abricots, etc. Quelquefois les graines se mettent en germoir ou stratification (2) dans des caisses que l'on met en cave ou tout autre local analogue, pour ne les placer qu'après l'hiver tout germés, afin d'éviter la dévastation des rats et autres rongeurs pendant l'hiver lorsque l'on a semé en place avant. On ne doit pas oublier, sur la fin du mois, de fournir des abris à tous les arbres et arbustes de pleine terre qui craignent la gelée, ainsi qu'aux jeunes semis; ces abris se font avec de la litière, des feuilles sèches, de la paille, de la fougère ou tout autre objet sec.

FLEURS, JARDINS D'AGRÉMENS.

La construction de nouveaux jardins, la réparation, la modification ou le complément de ceux déjà existans, se pratiquent favorablement pendant ce mois. On continue à s'assurer des jouissances printanières par la plantation des ognons et griffes de fleurs indiqués pour le

---

(1) La principale condition à remplir pour le succès des arbres plantés, c'est de tenir les racines très près de la superficie : on ne doit pas oublier que toutes les plantes respirent par leurs racines, et quelles doivent être dans un milieu où l'air puisse pénétrer; ainsi, le sommet des racines doit être à fleur de terre dans les sols compacts et seulement à 2 centimètres plus bas dans les sols légers; il en résulte un autre bien, c'est qu'étant plus élevées, les racines ont une plus grande épaisseur de couche végétale pour se développer et prendre force.

(2) La stratification consiste à mettre des graines dans une caisse lit par lit et séparées par une couche de terre ou de sable un peu plus épaisse que la couche de graine. Quand on emploie la terre ou le sable à l'état humide la caisse prend le nom de germoir ; si au contraire la terre ou le sable sont secs, c'est une stratification pour la bonne conservation des graines et pour un temps indéfini. Ces caisses se mettent à l'abri du froid et du ravage des insectes et animaux dévastateurs de ces graines.

mois précédent ; les mêmes semis peuvent être faits jusqu'au 20 de celui-ci ; on replante encore toutes les plantes d'ornemens ; on ramasse et recueille avec soin toutes les feuilles mortes des arbres pour les employer en mélange avec du fumier de litière ou avec la mousse, à former des couches et des réchauds, soit dans les serres, soit dans les châssis ou autour de ceux-ci ; les végétaux logés en serres exigent des soins assidus, ils ne doivent point souffrir du défaut d'air, de lumière, de propreté et d'arrosemens (1). Les serres étant les jardins d'hiver, les plantes doivent être placées artistement par gradation, de manière à produire de fort beaux tapis de verdure émaillés de fleurs en massifs, formant d'agréables amphithéâtres qui excitent à venir les visiter.

Dans la Gironde les productions sont toujours abondantes pendant ce mois ; les marchés de Bordeaux surtout sont richement approvisionnés, et les progrès qui sont sensibles chaque année, la Société d'Horticulture y a contribué pour sa bonne part, par les encouragemens qu'elle a donnés à cette intéressante branche de l'agriculture.

Il y a peu de fleurs en plein air ; on voit des Anthémis, des Cosmos, des Roses de Bengale ; il n'en est pas de même pour les plantes exotiques, les serres sont dans leur beau, parce que les plantes qu'elles renferment n'ont pas encore eu le temps de souffrir par la privation d'air qui a pu jusqu'à présent être fréquemment libre ou souvent renouvelé.

---

(1) Les arrosemens se règlent sur l'état de l'atmosphère, sur celui du sol et sur l'état de végétation des plantes ; en bonne pratique, ils ont lieu le soir depuis le 15 mai au 15 septembre, et de cette dernière époque à la première ils ont lieu le matin. Ceux que l'on fournit aux plantes dans les serres, se donnent le matin avec de l'eau qui est logée dans la serre autant que possible ; dans toutes circonstances on doit éviter de mouiller soit la plante, soit la terre avec de l'eau sensiblement plus froide que la terre et que l'atmosphère ; les plantes en serre doivent être arrosées individuellement afin de ne donner à cha-

DÉCEMBRE.

Le jardinier ainsi que le cultivateur, lorsqu'il exerce son art comme industrie obligée, est fort heureux quand il a la passion de la science ; ce n'est qu'autant qu'il est l'esclave de son travail qu'il peut réussir ; ainsi pour lui il n'est point de relâche, il ne peut se permettre ni partie de chasse, de pêche, ni d'autres récréations que se donnent les artisans des villes ; le mois de décembre, pendant lequel il y a peu de travaux, ne laisse pas que d'avoir beaucoup de besogne pour le jardinier ; ainsi, soit qu'il pleuve, qu'il gèle ou qu'il y ait de la neige, il y a de quoi s'occuper utilement à l'abri, ce sont la fabrication des abris de toutes sortes, la réparation et l'entretion des instrumens et outils de sa culture, la préparation des tuteurs, l'épeluchage de ses semences, les soins à donner aux plantes alimentaires qui forment l'approvisionnement, etc.

Pendant qu'il ne gèle pas, on continue de semer des Pois et des Fèves ; on commence à faire sérieusement usage des châssis et des cloches ; on sème des Cornichons, des Melons, et l'on répète les semis de tous les articles de le culture forcée.

Dans la Gironde, les froids rigoureux n'arrivent guère que vers la fin de ce mois ; c'est donc avant le 20 que tout doit être abrité et que l'on doit avoir sous la main tout ce qu'il faut pour couvrir en double abri. On fait, en cas de forte gelée, une provision de Porreaux et de Topinambours, pour les avoir sous la main au besoin ; on doit avoir en cave de la Chicorée barbe de capucin (1). On sait que l'agent principal de la végétation

---

cune d'elles que la quantité d'eau qu'elle a besoin ; quand l'atmosphère de la serre est sèche, on arrose en bassinage léger par dessus les tiges de toutes les plantes.

(1) En octobre ou novembre on plante en rigole dans une cave soit

étant la chaleur, et qu'en étant privé dans cette saison, on doit employer tous les moyens d'augmenter le peu qui nous est fourni par les rayons obliques du soleil ; ainsi, en créant des costières fortement inclinées vers le sud, en creusant de larges fossés orientés de l'est à l'ouest et garnis au fond sur le côté éclairé par les rayons solaires, la fouille étant mise en fort cordon sur le nord, on peut y semer des Pois, des Fèves, des Laitues, des Epinards qui seront plus tôt venus qu'en plein air, et comme on le voit, ces dispositions sont peu dispendieuses (1).

ARBRES.

Quand il ne gèle pas trop fort, on continue la taille des arbres ; mais certaines opérations qui y sont relatives peuvent se faire par le froid, ainsi les élagages, les rapprochages (2) et les rajeunissemens, qui ont beaucoup de rapport à l'abattage des forêts, se font pendant

---

de forts plants de Chicorée sauvage, soit de Pissenlit, que l'on arrose modérément ; ces plants poussent abondamment des feuilles blanches que l'on coupe et qui sont une excellente salade ; quelquefois on emploie pour cela une futaille défoncée, percée dans sa circonférence, posée debout, et les plants sont stratifiés en tournant le collet vis-à-vis des ouvertures ; les feuilles poussent en dehors de la futaille et se coupent périodiquement avec facilité ; c'est la Barbe de capucin.

(1) Le département de la Gironde est fort riche en abris permanens, qui restent inoccupés ; ainsi on voit d'excellentes terres sur des coteaux en pente au midi ; des terrasses abritant de belles plates-bandes, de fort beaux murs d'enclos donnant toutes les expositions ; eh bien, de tous ces terrains si merveilleusement abrités, il n'y a pas la centième partie d'utilisée en culture de jardinage ou en fruits de primeur !

(2) Le mot rapprochage est synonyme de récépage ; on dit dans la Gironde que l'on fait un rapprochage quand une vieille charmille, un vieux rideau de Tilleuls se récèpent rez-tronc pour avoir une ramification nouvelle à la place de l'ancienne. Le rajeunissement consiste dans l'amputation soit de la tige près de terre, soit seulement à la naissance de la ramification ; l'amputation doit toujours se faire au dessus de la greffe Elle a pour but d'obtenir une jeune tige ou une nouvelle ramification qui prolongeront la vie d'un arbre.

le froid. Pendant les temps doux, on continue activement la plantation des arbres à feuilles caduques (1); on fournit les engrais aux vergers ou de nouvelle terres, et on laboure le pied des arbres ; on défonce les terrains que l'on doit mettre en pépinière ; on abrite de paille, de feuilles sèches les jeunes semis d'arbres, tels que Sapins, Pins, Cèdres, et autres résineux ; les Tulipiers, les Julibrisins, etc.

FLEURS.

Toutes les fois que le temps n'est pas au froid, on continue activement les travaux neufs ; on sème les gazons, on replante les bordures ; on peut planter tous les arbres d'ornemens, à l'exception des résineux que l'on ne doit changer de place dans la Gironde qu'en février, avril et fin août ; mais pour ne rien laisser en arrière dans les plantations, les pépiniéristes ont le bon esprit de cultiver ces arbres en pots, afin de pouvoir les planter en toutes saisons.

Les soins à donner aux plantes logées en serre sont nombreux. C'est pendant les nuits froides que les soins sont captivant ; souvent, pendant ces mêmes nuits, le calorifère d'une serre ne suffit pas ; on y ajoute alors des brasiers de charbon, qu'il faut toujours mettre en combustion avant de les entrer dans la serre, à cause du dégagement de l'acide carbonique qui est nuisible aux plantes et dangereux pour l'homme ; en même temps

(1) Les arbres qui perdent leur feuillaison en automne sont à feuilles caduques ; ceux qui ne les laissent tomber qu'au printemps lors de la pousse des nouvelles, sont à feuilles persistantes. Un fait remarquable, c'est que dans les climats tempérés, la majeure partie des arbres est à feuilles caduques, et dans le climat de la zone torride, la majeure partie est à feuilles persistantes.

Ces derniers, lorsque l'on ne peut les replanter en mottes, il faut pour assurer leurs reprises faire tomber leurs feuilles en les coupant au milieu du pétiole, ce moyen n'est pas praticable sur les arbres résineux que l'on replante à racines nues, parce que leurs feuilles sont trop petites, mais on y obvie en supprimant une partie de leur ramification lattérale.

que les serres se chauffent, on doit renforcer les couvertures sur les vitrages. Pendant le jour, on ne doit pas manquer de renouveler l'air; mais il faut toujours fermer avant que le soleil disparaisse, afin de concentrer la chaleur; on cultive la terre des vases et on arrose modérément de dix heures à midi.

Pendant le mois de décembre, les produits sont encore abondans sur nos marchés par la facilité que l'on a eue de conserver tout jusqu'à présent. C'est maintenant dans les serres qu'il faut aller pour jouir des fleurs; on y remarque : les Cyclamens, les Daphnés, les Violettes, les Chrisanthèmes de l'Inde, les Camellias, etc.; il est nécessaire qu'il y en ait des provisions, parce que, avec le mois de janvier, commencent les soirées où les dames ne doivent se présenter qu'un bouquet à la main, et souvent un autre à la ceinture et des fleurs rares dans les cheveux.

PRONOSTICS.

Signes tirés de l'état de l'atmosphère, des animaux, des végétaux et autres corps terrestres, que le cultivateur à intérêt à connaître.

Si l'astrologie, si l'art de la devination sont des futilités qui prouvent la sottise ou la fourberie humaine, il n'en est pas de même des prédictions qui sont la suite d'observations bien constatées, de certaines circonstances, d'une foule de faits bien avérés qui précédent constamment tel ou tel changement de temps ; toutefois, dans l'exposé qui suit, on doit comprendre que l'application doit s'en faire en général au climat de France ; mais nous indiquons ce qui est plus particulièrement local. Ainsi dans la Gironde on dit : *Feuvrey can pichey, Mar sec, Avriou plavigna, Mai noun cessa, Jun goutte ;* ainsi donc voilà un pronostic en patois gascon, qui dit que février soit pluvieux jusqu'à remplir tous les fossés, que mars soit sec, qu'avril soit en petites pluies, que mai soit en pluies fréquentes et que juin soit entièrement sec. Quand tout se passe ainsi pendant ces cinq mois, les biens de la terre nous donnent l'abondance parfaite.

L'habitude des citadins dans leur rencontre, après les complimens d'usage, est de se plaindre du temps ; pour eux la pluie, la gelée, la neige, sont de mauvais temps : ils n'appellent beau temps que le beau jour serein qui n'est ni chaud ni froid ; les campagnards, qui sont traditionnellement connaisseurs du bon et du mauvais temps, l'apprécient à sa valeur : ainsi ils n'appellent mauvais temps que celui qui leur est contraire.

SIGNES ATMOSPHÉRIQUES.

1. Si les étoiles perdent de leur clarté, c'est un signe d'orage.

2. Si elles paraissent plus grandes qu'à l'ordinaire et plus nombreuses, elles indiquent un changement de temps.

3. Lorsqu'on voit des éclairs à l'horizon, et qu'il n'y a pas de nuages, c'est signe de belle chaleur.

4. Le tonnerre du soir amène l'orage, celui du matin le vent, celui du midi la pluie.

5. Le tonnerre à bruit sourd et à détonations rapprochées est celui de la grêle ou d'une forte bourrasque.

6. Le tonnerre à détonations très fortes et rares amène une pluie battante et de peu de durée.

7. L'arc-en-ciel bien coloré et en double est signe de continuité de pluie.

8. L'arc-en-ciel du matin annonce une journée de giboulées fréquentes.

9. Les couronnes ou cercles autour du soleil, de la lune est des étoiles, sont un signe de pluie prochaine, d'autant que ces couronnes sont plus grandes.

10. Lorsque la pluie fume en tombant, il pleuvra longtemps et abondamment.

11. Si après une petite pluie on voit près de la terre un nuage ressemblant à de la fumée, c'est un signe qu'il tombera beaucoup de pluie.

12. Quand après la pluie, les nuages descendent et paraissent rouler sur terre, c'est signe de beau temps.

13. S'il survient un brouillard après la pluie, il indique sa cessation.

14. Si le brouillard vient pendant le beau temps, et

qu'il s'élève en laissant des nuages, c'est l'annonce du mauvais temps.

15. Quand on voit des parélies (deux soleils), c'est l'annonce de la neige et du temps froid.

16. Les éclairs en hiver indiquent de la neige, du vent ou une tempête.

17. Les nuages moutonnés ou pommelés indiquent du vent en été, et en hiver, de la neige.

18. Si au coucher du soleil l'horizon est sans nuage, et que le vent soit modéré ou s'il est de la partie du nord, c'est signe de beau temps.

19. Si le couchant est garni d'un nuage noir formant rideau à l'horizon, et qu'un rideau semblable ne se voit pas le lendemain au levant à l'horizon, c'est l'indice de pluie.

20. Si une gelée blanche vient après le vent, et qu'elle se dissipe en brouillard, il vient de la pluie et un temps malsain.

21. Le patois gascon dit : *Gelade blanque, la pleuge au quiou l'y cante.*

22. Le vend du sud-ouest est celui de la pluie, le nord-est est celui du beau temps.

23. L'air plus transparent que de coutume indique une pluie prochaine.

24. De petits nuages blancs passant sous le soleil et s'y colorant en rouge, jaune ou vert et autre couleur de l'iris : signe de pluie près.

25. Quand la lune est entourée de vapeur on dit qu'elle se baigne, c'est signe de pluie.

26. Les nuages disposés en forme d'éventail ayant le pied près de l'horizon sont appelés pied de vent ou arbre de vent ; on est sûr que le vent soufflera sensiblement du point de l'horizon où est le pied de l'éventail.

27. Lorsqu'il y a deux vents en même temps, l'un en bas, l'autre en haut de l'atmosphère, c'est signe de temps variable ; mais si c'est le vent du nord qui est en bas, le temps se mettra au beau.

28. La grêle tombe ordinairement de deux heures au coucher du soleil ; elle est d'autant plus mauvaise qu'elle arrive dans le jour.

29. La grêle qui tombe dans la nuit est rarement mauvaise.

30. Lorsqu'à son lever le soleil est d'un jaune pâle, lorsqu'à toute heure du jour il est voilé par des vapeurs, on dit qu'il se baigne : c'est signe de pluie prochaine.

31. Au lever du soleil une forte rosée indique du beau temps.

C'est le contraire, s'il n'y a pas de rosée.

SIGNES TIRÉS DES ANIMAUX.

1. Les chauves-souris qui sont plus nombreuses que de coutume et qui volent plus longtemps indiquent du beau temps. C'est le contraire si elles sont moins nombreuses, entrent dans la maison et jettent des cris.

2. La chouette qui crie par le mauvais temps annonce sa cessation.

3. Les corbeaux qui crient le matin indiquent la même chose.

4. Lorsque les canards et les oies crient et se tracassent en volant çà et là pendant le beau temps, c'est de la pluie et de l'orage.

5. Quand les abeilles s'écartent peu, ou qu'elles arrivent en foule à la ruche avant la nuit et sans être entièrement chargées, c'est de la pluie.

6. Si les pigeons rentrent tard au colombier, c'est signe de pluie.

7. Lorsque les moineaux gazouillent et se rassemblent, c'est du mauvais temps.

8. Quand les poules se roulent dans la poussière plus que de coutume, et que les coqs chantent le soir et à des heures extraordinaires, c'est indice de pluie.

9. Quand les hirondelles volent près de terre, c'est de la pluie.

10. Quand les mouches deviennent importunes, c'est un indice d'orage.

11. Quand les moucherons sont rassemblés en colonnes, le soir ou au coucher du soleil, c'est signe de beau temps.

12. Lorsque les grenouilles coassent plus qu'à l'ordinaire, que les crapeaux sortent de leurs trous en grand nombre, si les vers de terre viennent à la surface du sol, si les taupes labourent plus que de coutume, si les bœufs et les dindons se rassemblent, c'est signe de pluie.

13. Lorsque les bestiaux et surtout les moutons sont plus âpres ou avides que d'ordinaire à la pâture, c'est un indice de pluie prochaine.

14. Lorsque dans l'automne nous voyons passer des troupe d'oies, de canards sauvages, etc., allant au Midi, c'est un indice de froid. Quand ils passent retournant au Nord, ils indiquent les beaux jours du printemps.

SIGNES TIRÉS DES CORPS TERRESTRES.

1. Si la flamme de la lampe étincelle, ou si elle forme un champignon, signe de pluie.

2. Si la suie se détache et tombe des cheminées, signe de pluie.

3. Si la braise paraît plus ardente et la flamme plus agitée, signe de vent.

4. Si la flamme est droite et tranquille, c'est signe de beau temps.

5. Le son des cloches situées à l'ouest et au sud-ouest qui s'entendent tout particulièrement, indiquent la pluie. Ainsi les gens d'Ambès appellent la cloche de Macau *bramme pleuge*. Les *brammes pleuges*, pour Bordeaux, sont les cloches de Mérignac et de Pessac.

Quand de Bordeaux on entend bien les cloches de Lormont et de Cenon, c'est signe de beau temps.

6. Quand les bonnes ou mauvaises odeurs sont plus prononcées ou condensées, c'est signe de pluie.

7. Le changement fréquent du vent est l'indice d'une bourrasque.

8. Le vent qui se lève la nuit dure peu; quand il se lève le jour, il dure plus longtemps.

7. Le vent du nord bien établi dure ordinairement trois, six ou neuf jours.

10. Si le sel, le marbre, le fer, les vitres deviennent humides, si les bois des portes et des fenêtres se gonflent, si les cors aux pieds deviennent plus douloureux, c'est signe de pluie ou de dégel.

11. Lorsque, pendant les jours chauds, toutes les plantes sont extraordinairement flétries, c'est un signe évident d'orage.

12. Le baromètre, dont l'usage devrait être plus étendu dans les campagnes, indique à l'avance (quand il est bon) les variétés du temps.

Le thermomètre sert à marquer les degrés de température. Si cet instrument marque insolitement une chaleur excessive, c'est un signe d'orage; et si pendant l'hiver il marque de même un froid exorbitant, c'est signe d'un prochain changement de temps.

L'hygromètre, instrument peu connu dans la Gironde, sert à marquer le degré d'humidité. Le plus parfait est celui que font les mécaniciens, et dans lequel ils mettent un cheveu. Les Italiens en font avec des cordes à boyau; c'est ainsi que se font leurs capucins qui se découvrent quand le temps se met au sec et se couvrent quand il est humide. On en fait un aussi avec une corde de chanvre suspendue et portant un poids; elle s'allonge quand le temps est sec et se raccourcit quand il est humide.

L'électromètre est un appareil destiné à indiquer la présence et la dose approximative de l'électricité dans l'air et dans les nuages. Le plus simple consiste en deux boules de moelle de sureau de 2 à 3 lignes de diamètre, suspendues par un fil de soie de 2 à 3 pieds de long à un point commun au sommet d'une perche terminée par une pointe de métal. Dès qu'un nuage chargé d'une surabondance d'électricité passe au dessus de cette perche, les deux boules s'écartent et se rapprochent successivement.

Un autre consiste en trois petites clochettes écartées d'un pouce et suspendues à la même perche. Deux de ces clochettes sont isolées par des fils de soie ou des tiges de verre, et dans leur intervalle se trouvent deux boules également isolées ; lorsqu'il passe un nuage électrique les boules forment un carillon continu.

Il y a un grand nombre de dictons populaires qui pourraient être mis au rang des pronostics ; mais la vérification n'en est pas facile, et leur application, qui est toute locale, ne laisse pas que de courir loin.

Ainsi on dit : Autant il y a de brouillards en mars, autant il y a de gelées en mai. Après la messe de minuit : Epaisse matine, épaisse javelle. Le 15 janvier, si le temps est clair et sec, il indique une bonne année ; c'est le contraire s'il pleut ; s'il y a du brouillard, il indique une année malsaine. Si la pluie s'établit le 8 juin, elle durera quarante jours ; si le temps sec s'établit ce même jour, il durera aussi quarante jours. S'il pleut le 23 avril, il n'y aura pas de cerises ; s'il pleut le 3 mai, il n'y aura pas de noix ; s'il pleut le 15 juin, il n'y aura pas de raisins.

Le point important pour le cultivateur dans l'étude des pronostics, c'est cette sorte de certitude qu'il acquiert de la durée du temps soit en beau, soit en mauvais ; ainsi, s'il n'est pas sûr du beau temps, il se gardera bien de labourer ou de façonner ses terres argileuses, il ne fauchera pas ses foins, il ne moissonnera pas ses blés, il ne coupera pas ses regains, il n'entreprendra pas un long voyage avec ses attelages, si tout concourt à lui indiquer la continuité ou l'arrivée de pluies ou d'orages qui viendraient compromettre gravement ses intérêts ; au contraire, s'il est sûr de la durée du beau temps, il se livrera à tous ces travaux qui lui seront d'autant plus profitables qu'il restera plus longtemps sec.

De tout ce qui précède, on est amené à apprécier l'avantage de l'observation. C'est parmi les cultivateurs et les marins que l'on trouve des hommes vraiment habiles à prévoir à l'avance les changemens de temps.

Les cultivateurs nous saurons gré de leur rapporter l'anecdote suivante; elle donne la mesure de ce que valent les almanachs qui courent les campagnes et sur lesquels on voit accolés à la suite de chaque jour le temps qu'il doit faire.

« Un vieux faiseur de ces almanachs, qui était devenu aveugle et qui n'en continuait pas moins sa fabrique, avait pour secrétaire son fils. Un soir qu'ils étaient en train d'achever le dernier mois de l'année, ils avaient veillé tard, le père s'endormait fort; le fils qui écrivait candidement sous la dictée, était obligé d'interrompre le sommeil du père, ce qui le mettait de mauvaise humeur ; enfin, sur cette demande : Père, que faut-il mettre pour le 31 ? — Eh mets-y un tonnerre et laisse-moi tranquille ! »

C'est aux maires, aux pasteurs, aux instituteurs et aux personnes instruites, dans les communes, à qui il appartient de désabuser les travailleurs illettrés qui ajoutent foi à ces fables comme à tant d'autres.

MANUEL D'AGRICULTURE

POUR

LE DÉPARTEMENT DE LA GIRONDE.

JANVIER.

Ainsi que nous l'avons dit dans l'indication des travaux des jardins en l'appliquant au jardinier, nous en dirons de même pour le cultivateur des champs, c'est qu'il ne doit se permettre ni partie de chasse ni partie de pêche (les dimanches et fêtes exceptés) ; et surtout dans un pays vignoble comme la Gironde, il y a toujours à faire des choses nécessaires et utiles, soit dehors, soit dedans ; ainsi la préparation et l'aiguisage des échalas ou œuvre pour la vigne, la réparation et l'emmanchage des outils et instrumens aratoires.

C'est pendant ce mois que doivent s'achever les labours d'hiver. On sait que les gelées amendent parfaitement la terre en diminuant le volume de ses molécules et en augmentant celui de l'eau qu'elle contient ; au dégel, on voit les terres qui étaient les plus compactes tomber entièrement pulvérisées ; ainsi on ne doit pas négliger de labourer tant que le temps le permet, et surtout le sol argileux.

La Vigne a de nombreuses occupations ; ainsi on continue de tailler quand il ne gèle pas trop fort, on plante les échalas, on fait le liage par le temps doux :

s'il gèle fort, on en profite pour faire des transports de terre, de pierre, on répare les chemins, on chausse la Vigne avec de nouvelles terres ou du terreau préparé, on ramasse les sarmens, on fait les provins quand le temps n'est pas trop froid, on continue à faire les défoncemens et les fossés des plantations des nouvelles Vignes (1).

On procède à l'abattage des bois et à leur exploitation, aux élagages, aux rajeunissemens des arbres en plein vent et des haies vives; on déblaie le fond des bois pour en obtenir de la litière. (C'est ce qu'on appelle faire du bruck.) On s'occupe dans ce mois de terminer l'engraissement des bestiaux de boucherie, on entretient les chemins, on répare les clôtures, on fait fonctionner les raies d'écoulement pour assainir les habitations, les logemens des animaux et pour égoutter les terrains humides. On sème les Pavots somnifères et à œillette; sur la fin du mois, on sème les Féverolles, l'Avoine, le Trèfle de Hollande, le Sainfoin : on peut encore semer de la Farrouche; on achève de semer les Glands, les Châtaignes, les Noix et tous les noyaux.

FÉVRIER.

On continue de semer l'Avoine, les Féverolles, les Pavots; on doit sérieusement commencer à préparer les terrains qui doivent être mis en prairies : on sait que les meilleurs prés sont ceux que l'on sème en automne et

(1) La méthode de planter les Vignes par fossés est d'abord très économique; ensuite elle comporte un défoncement partiel quinquennal et perpétuel, lequel renouvelant la Vigne par l'enfouissement des ceps décrépits, fait durer la Vigne en bon état de production indéfiniment.

(Voir cette méthode publiée par nous dans les Actes du congrès des vignerons français et étrangers à Bordeaux en 1845, et insérée dans ce recueil.)

en février. On sème aussi les Blés de mars, on commence ceux d'Orge. Il est une branche d'exploitation très importante chez nous, c'est celle des arbres têtards, pour les échalas qu'ils produisent, que l'on appelle œuvre. Les principaux arbres que l'on assujettit à ce produit sont : le Saule ou Aubier, le Peuplier brule, celui d'Italie, l'Acacia Robionia, l'Erable Negundo (*Acer*), le Catalpa, le Châtaignier, etc. Nous croyons que dans les terres de bonne fertilité il est deux arbres nouveaux qui feront un grand chemin comme têtards, c'est le Paulownia et l'Osier de Russie, dont la croissance rapide promet beaucoup dans ces deux importations nouvelles ; le Frêne, l'Aulne, l'Ormeau sont aussi de fort bons têtards ; enfin, dans les haies et autour des cultures où l'on voit beaucoup d'arbres qui ne sont propres qu'à donner du bois de chauffage et des rames pour les Pois, etc., on se trouve très bien de les emménager en coupe triennalle ou biennale sur têtards. On sait que l'Acacia, ainsi exploité, donne un produit plus considérable en têtard rez de terre que lorsqu'il est à haute tige.

Enfin, en février, on plante à force les Pommes de terre hâtives et on continue de semer l'Avoine. On continue celui de Trèfle de Hollande, le Trèfle blanc, la Lupuline, la Luzerne, les Sainfoins, les Vesces, les Pois, les Carottes, les Panais, les Lentilles, les Gesces, la Chicorée sauvage, le Lin, la Pimprenelle, le Pastel. On plante ses Topinambours, on herse les céréales d'antomne, on bine les Colzas et Navette ; en temps sec, fumer les céréales d'automne. On fait pâturer les jeunes prés et les blés trop gaillards par les moutons, lorsqu'il fait beau temps. C'est encore le moment de l'abattage des bois, mais il n'y a plus de temps à perdre, il faut que cette besogne soit achevée avant le 15 mars.

C'est en février que doivent se terminer, dans les Vignes, la taille, le liage, le sarmentage et l'enlèvement de tout ce qui pourrait gêner la première façon qui se commence les premiers jours de mars. On achève aussi de défoncer où l'on doit planter de nouvelles Vignes; quant à la plantation, elle s'effectue en terre sèche à la fin de ce mois; mais dans les terres humides elle ne se fait qu'en avril ou en mai.

MARS.

Le mois de mars a les jours fort allongés, le cultivateur ne saurait assez se hâter de profiter de ces longs jours; le moment est venu où il ne doit pas être question d'Abricots, mais toujours des Pêches; labourer, semer, herser, rouler, planter, façonner, biner, sarcler, etc. On ne doit pas se permettre de relâche que tout ne soit au courant et à terme d'exécution; car mars ne plaisante pas, il faut que tout marche militairement. Tous les travaux de ce mois sont de la plus haute importance, il suffit dans faire l'énumération. On donne la première façon ou premier labour à la Vigne, on achève le semis en terre froide des prés, des Avoines, des Orges, du Blé de mars, du Trèfle de Hollande et de tous les autres Trèfles, excepté l'Incarnat ou Farrouche qui se sème en automne; la Luzerne, le Sainfoin, la Lupuline, le Lotier, les Vesces ou Pesillons et généralement de tous les fourrages, tels que Carottes, Panais, Betteraves, Chicorée sauvage, Spergule, Pimprenelle, etc. On sème aussi dans ce mois : le Pastel, la Moutarde, la Gaude, les Lentilles, la Gesce; on plante la Garance, on répand le plâtre sur les Trèfles, les Luzernes et le Sainfoin; on herse les céréales d'automne (1); on serfouit le Colza, la

(1) L'opération de herser les Blés, Seigles, Avoine, Orge, etc., qui ont été semés en automne, a pour but de briser la croûte; se fait en mars par le temps sec que l'on désigne par le terme : hâle de mars. On ne saurait assez se pénétrer de son importance; on peut dire que le produit est souvent double, par cette simple operation de faire passer sur les planches, soit la herse soit le rouleau.

Dans la Gironde, la plupart des terrains sont disposés en billons

Navette d'hiver, on fume le Froment par dessus (1) ; on étend les taupinières dans les prairies (2), aussitôt que le hâle de mars est passé, on s'occupe de la plantation des arbres résineux (3).

Le mois de mars est ordinairement disetteux de fourrage ; c'est en prévision d'une semblable pénurie qu'on doit avoir de fortes provisions conservées de Pommes de terre, de Carottes, de Betteraves, de Panais, de Topinambours, de Navets, de Rutabagas ; et dans les champs, pour les bêtes à laines, on doit avoir des fourrages hâ-

---

ou planches étroites qui sont sensiblement bombées ; comme la herse plane ne pourrait gratter toute la surface, les cultivateurs soigneux font une herse brisée et maintenue par des liens qui forment charnière, afin que les deux parties de la herse s'appliquent exactement sur les revers du billon; enfin on voit quelques cultivateurs faire gratter leurs céréales à bras avec des râteaux ; l'opération faite ainsi est, on le conçoit, bien plus coûteuse ; mais elle donne la mesure de l'importance qu'ils attachent, et cela doit faire comprendre que toutes les céréales d'automne doivent être hersées pendant ce mois, et que les herses d'un côté, les rouleaux de l'autre et les râteaux comme auxiliaires doivent fonctionner simultanément ; mais on comprend qu'il est préférable d'employer la herse et le rouleau comme moyen infiniment plus économique.

(1) Fumer les Fromens par dessus. Quand on n'a pu fournir à la terre les engrais nécessaires en automne, on vient en février étendre une couche de fumier par dessus, comme on le fait sur un pré; si cette besogne n'a pu se faire en février, elle peut encore se faire en mars.

(2) On étend les taupinières. C'est en mars, avant que l'herbe monte, que se fait cette opération, soit avec la herse traînée sur ses traverses les dents en l'air, ou avec un fort râteau, ou avec une pelle. La terre des taupinières, bien dispersée, chausse le pied de l'herbe et ravive la prairie ; ainsi nous ne sommes point partisan de proscrire la taupe qui se nourrit de larves, qui amende les prés et les céréales. La taupe est l'ennemi du jardinier et l'auxiliaire du cultivateur ; nous conseillons de la chasser des jardins où elle culbute les semis, les repiquages, et non des prés, des champs, des vignes et des bois où elle fait plus de bien que de mal.

(3) Pour la plantation des arbres résineux et la plupart des arbres à feuilles persistantes, il est deux époques favorables pour leur transplantation, c'est au printemps, immédiatement après le hâle de mars, c'est-à-dire du 20 mars au 15 avril, et à la fin de l'été, du 20 août au 15 septembre.

tifs, tels que : Pimprenelle, Colza, Moutarde blanche, Pastel, Chicorée sauvage, etc.

A partir du mois de mars, le cultivateur doit être bien pénétré qu'il ne doit ni labourer, ni façonner les terres compactes qu'autant qu'elles sont bien ressuyées et que le temps est au sec ; cette attention n'est point applicable aux terres sableuses, aux terres calcaires sèches, qui peuvent sans inconvéniens être façonnées en tout temps.

On sait que les arbres résineux sont d'une reprise difficile ; mais, pour les maîtriser, on fait augmenter le nombre des racines chevelues par des transplantations, repiquages annuels, et cela dès la première année et continuer jusqu'à la quatrième : c'est alors qu'ils peuvent être mis en place avec chance de succès.

Il est un autre moyen d'assurer la reprise de tous les arbres qui doivent se transplanter à racines nues à une époque où ils sont en végétation ; ainsi, par exemple, un Poirier jeune est couvert de ses feuilles entièrement développées et de ses fruits, et que l'on est obligé de transplanter ailleurs, voici la manière dont on s'y prend : la veille de cette transplantation, on supprime une partie de ses feuilles, le lendemain on l'arrache avec soin, on le met en place après avoir encore supprimé la moitié du reste de ses feuilles, il ne reste alors que le quart de ses feuilles ; on l'arrose copieusement, puis on couvre le pied de terre sèche réduite en poussière : il est rare que la reprise manque.

AVRIL.

Avril est le mois des terrains qui n'ont pu être semés ou plantés plus tôt, c'est-à-dire que l'on sème et plante dans ces terrains tous les articles indiqués en mars ; mais en outre on commence à s'occuper de quelques articles dont nous n'avons pas encore parlé; ainsi le semis de Maïs, des Haricots, du Chanvre (1), de la Caméline (2).

Le dicton populaire bordelais : *En avril ne quitte pas un fil,* indique que ce mois a encore des jours froids et que l'on peut encore répéter les semis indiqués en mars et notamment les Pois (3), les Carottes, les Panais et généralement toutes les plantes fourragères. On continue la plantation des Pommes de terre; sur la fin du mois, si le temps est doux, on commence à semer les Millets, les Panis, les Sarghos, le Moha de Hongrie; on fait les derniers semis de Lin (4).

---

(1) Partout où l'on s'occupe de la culture du Chanvre, c'est dans les terres de première fertilité qu'elle a lieu, et qui sont amenées par tous les moyens au dernier terme de l'ameublissement; la culture du Chanvre est très importante, mais elle est aussi très dispendieuse, et on doit donner la préférence au chanvre du Piémont qui vient plus grand que l'espèce usitée de toute ancienneté. A la fin de ce Manuel, nous reproduirons textuellement un article d'Olivier de Serre, sur la culture du Mûrier blanc, et qui apprend à exploiter les jets de cet arbre comme donnant la plus belle filasse que l'on puisse voir après la soie. D'après l'opinion de ce respectable auteur, on devrait cesser de sacrifier nos terres les plus fertiles à la culture d'une plante qui peut être remplacée avec toute certitude dans les terres maigres où le Mûrier blanc réussit toujours.

(2) La Cameline est une plante de la famille des crucifères, qui est cultivée pour son abondante production de grains, qui servent à faire une bonne huile à brûler et à employer dans les arts. La Cameline vient dans tous les terrains et mûrit au bout de trois mois; on sème à la volée cinq kilogrammes de grains par hectare; dans les terres humides, on peut semer cette plante jusqu'en juin.

(3) Tous les Pois peuvent encore se semer en avril; mais pour peu que le sol soit sec, on ne doit semer que les variétés qui soutiennent bien la chaleur, telles que le Ridé de Knitht, le Corne de Bélier, le Clamart ou Carré fin, le Gros Vert normand, le Michaut à œil noir, le Nain vert, le Mange-Tout d'Espagne à fleurs roses (ou Bisalto), etc.

(4) La culture du Lin est d'autant plus facile dans la Gironde, que cette plante y est spontanée et vient très bien, surtout dans les sols argilo-calcaires de l'Entre-deux-Mers. Il y a plusieurs variétés de Lin, les principales sont : Lin d'hiver, Lin de mars, Lin de mai et Lin vivace. Toutes ces variétés se cultivent, pour leurs filasses, en semant

C'est en avril que le cultivateur doit faire saillir ses jumens, les ânesses et les brebis qu'il veut faire porter deux fois (1).

Les ménagères ont dû déjà s'occuper de l'élève de la basse-cour.

Il en est plusieurs dans la Gironde qui ont le talent d'obtenir en plein hiver de fort belles couvées ; mais c'est en avril qu'elles y procèdent en grand pour toutes les espèces qui peuplent la basse-cour.

Pendant ce mois, tous les êtres sont disposés à leur régénération. Aussi on dit : *En avril l'oiseau fait son nid, à l'Ascension les petits sont bons, et à la Pentecôte la plume les emporte.*

Pendant le mois d'avril, il ne doit plus rester de terre en friche. Si tout n'est pas ensemencé ou planté, tout doit au moins être labouré, et si dans quelques localités de la Gironde on trouve encore quelques jachères, avril ne doit pas finir sans qu'elles soient travaillées à fond (2). Toutes les cultures sarclées, telles que Pommes de terre ; Maïs, Féverolles, etc., doivent être activement façonnées, soit avec la houe, soit avec la marrette, la serfouette, etc. Dès le commencement d'avril on doit

---

dru (170 kilog. de grains à l'hectare) ; ou elles se cultivent, pour leurs grains, en semant moins épais (100 kilog. par hectare). Il serait à désirer que des essais se fissent de la culture du Lin vivace, soit comme produit industriel, soit comme fourrage.

(1) Les bergers de la Gironde ont fait de notables progrès dans l'élève des agneaux ; autrefois les premiers se voyaient à la veille de Pâques ; maintenant il y en a à Bordeaux dès le 1er janvier, mais l'abondance n'a lieu qu'en mars et avril.

(2) La jachère indique le repos de la terre soit pendant une ou plusieurs années. Il est triste de penser qu'au milieu du dix-neuvième siècle, cette pratique subsiste encore en France et surtout dans la région qu'occupe la Gironde ; elle est la constatation évidente de l'ignorance où est encore plongée la population ouvrière des départemens du sud-ouest. Tous les amis de leur pays doivent s'efforcer d'inculquer aux travailleurs que la terre n'a pas besoin de repos, qu'il suffit de rendre plus fréquentes les cultures sarclées, et de varier les produits que l'on veut obtenir de son sein.

interdire le pacage des animaux dans les bois, si on ne veut pas que leurs pousses soient endommagées.

MAI.

C'est le plus beau mois de l'année, c'est le mois de l'espérance.

Pour tous les peuples qui habitent l'hémisphère sud, cette époque correspond au mois de novembre des mêmes climats de l'hémisphère sud ; ainsi mai est le milieu du printemps du côté nord, et novembre le milieu du printemps du côté sud (1). C'est en effet une époque décisive : le temps du mois de mai donne l'abondance ou cause la disette de plusieurs récoltes, notamment les fourrages et les graines de toutes sortes.

Ce mois est consacré, d'une manière ou d'une autre, par tous les peuples. Les païens avaient déifiés les hommes qui s'étaient adonnés à l'agriculture. Ainsi Cérès, Triptolême, Bacchus n'étaient que leurs premiers agriculteurs ; chaque année ils ne manquaient pas de présenter sur les autels de leurs dieux tous les produits qu'ils obtenaient du sein de la terre.

Dans toutes les contrées, on adresse à Dieu des prières particulières pour implorer sa bénédiction sur les

(1) Les contrées de la zone torride ont un été perpétuel, mais on peut établir une différence entre celles du nord et celles du sud de l'équateur; dans les premiers on sème en janvier, pour récolter en mai; on sème de nouveau en juillet pour récolter en octobre. Dans les secondes, c'est l'inverse : pendant que l'on récolte au nord, on sème au sud. Comme on le voit, la grande chaleur de la zone torride donne en trois mois une récolte de grains. On sait qu'une somme de chaleur est nécessaire pour l'accroissement et la maturité des récoltes. La zone équatoriale, avec ses jours égaux à ses nuits toute l'année, reçoit cette somme de chaleur par sa haute température, comme elle est aussi obtenue en trois mois dans les climats froids avec les longs jours du printemps et de l'été, pendant lesquels il n'y presque pas de nuit.

biens de la terre ; c'est à cette intention que la religion catholique bénit des croix (1) de coudrier, de moelle de jonc, de sureau et d'herbe à Saint-Jean ou sédons :

---

(2) Bénir des croix. Dans plusieurs localités, on plante dans chaque pièce de culture et ailleurs sur les maisons ces croix bénites. Les travailleurs de la campagne ont la croyance que ces croix doivent les préserver de la grêle, du feu du ciel et autres fléaux : c'est un de ces mille préjugés qui sont encore enracinés dans la campagne ; ce ne sont point des amulettes qui peuvent préserver de ces fléaux ; c'est la mise en pratique du principe de la fraternité qui se résume en ce court proverbe : *Quand chacun s'aide, personne ne se tue ;* pratique qui devra conduire à l'établissement d'une assurance universelle. A cette occasion, qu'il nous soit permis de faire connaître le résultat de nos calculs, en ce qui a trait au fléau dévastateur de la grêle. Si toutes les récoltes du territoire français, sujettes à être endommagées par ce fléau, étaient taxées de payer demi pour cent de leur valeur comme taxe d'assurance, cette prime produirait cent quarante millions par an ; assurément tous les sinistres de la grêle seraient, et bien au delà, couverts par cette somme. Il est donc important d'inculquer cette vérité qui serait le salut de la petite propriété et qui aurait pour conséquence inévitable sa plus grande division au profit de l'humanité ; mais cette vérité ne pourra être comprise que par la nouvelle génération. Nous prions MM. les maires, les pasteurs et les instituteurs des communes rurales de nous permettre de recommander à leur sollicitude cette génération qu'ils sont chargés d'instruire. Nous prions surtout nos législateurs de faire des lois qui obligent tous les hommes à être instruits, et qu'à l'avenir l'instruction et l'éducation professionnelle ne puissent plus être refusées aux cultivateurs des champs ; ce sera alors que l'équilibre pourra se rétablir dans les travaux agricoles et industriels, et lorsque la main d'œuvre sera également éclairée et également rétribuée, on ne verra plus les travaux des champs être désertés par leurs ouvriers pour aller dans les cités, où le chiffre de la rétribution est sensiblement plus élevé. C'est un fait trop vrai, il semble que le travailleur de terre a été traditionnellement placé à la suite et tout près des animaux qu'il est chargé d'atteler à la charrue. Il a toujours semblé à la plupart des administrateurs que ce serait déroger que de donner de l'instruction à la population des travailleurs du sol ; c'est une vieille erreur. Il faut une instruction et surtout une éducation professionnelle solide, qui mettent l'homme à même de conserver sa valeur, sa dignité, tout en piochant la terre, tout en poussant la brouette. Que les rudes travaux des champs soient autant que possible variés, et qu'ils soient considérés comme un exercice de gymnastique des plus honorés ; que des prix d'honneur soient décernés à ceux qui seront fiers d'user leur mâle énergie à forcer la terre à produire le pain de la communion fraternelle.

qu'elle fait dans les cultures de sa paroisse sa procession des rogations; qu'elle consacre ce mois à la Vierge, etc.

Le mois de mai est un temps de réjouissance : les bergers et les pasteurs offrent leurs troupeaux à Dieu, et célèbrent le premier mai par un repas champêtre; les habitans de la campagne plantent un mai autour duquel ils dansent des rondes; les jeunes gens vont planter, à la porte de la personne à laquelle ils adressent sérieusement leur hommage, le plus beau charme qu'ils peuvent couper dans la forêt. Toutes ces pratiques ont évidemment leur source dans la conviction intime qu'a l'homme de sa dépendance aux lois de la Providence.

On achève, en mai, de semer le Chanvre, on continue de semer les Millets, Panis et Sorghas (1), les Choux fourrages, tels que Colza, Rutabaga, cavalier, branchu du Poitou; c'est le temps de semer en grand les Haricots, du Sarrasin, du Moha de Hongrie. On veille aux ruches des abeilles pour ne pas perdre les essaims qui émigrent. C'est le temps de donner la seconde façon aux Vignes et à toutes les cultures sarclées.

C'est en mai que se nourrissent de fourrages verts tous les bestiaux domestiques, en leur donnant à l'écurie soit Farrouche, soit Trèfle, soit Luzerne, ou en les faisant pacager sur les Sainfoins et les Chicorées sauvages, etc. Il vaut mieux toutefois les nourrir à l'étable

(1) C'est dans les contrées chaudes du continent africain, que l'on trouve toutes les grandes variétés de Mil, Panis et Sarghos. L'espèce la plus inférieure des Sarghos est cultivée en grand dans la Gironde, sous le nom de Millioque, pour en faire des balais, qui sont un article fort important du commerce de Bordeaux et une source de richesse pour plusieurs communes du littoral, notamment Barries, Castets, etc., après Langon : le grain de cette espèce est de peu de valeur. On cultive en France, de temps immémorial, le petit Mil et le petit Panis, sous le nom de Mil et Millade; le premier a le grain blanc, le second l'a jaune et plus petit; ces deux plantes, avec le Sarrasin, le Seigle et le Maïs, sont la Providence des terres de landes, où elles donnent, à l'aide d'engrais, de fort bons produits. Toutes ces plantes ne doivent se semer que lorsqu'il n'y a plus de gelées printanières à craindre.

que de les faire pacager sous les rapports de l'augmentation des fumiers, et en second lieu, pour éviter le danger de la météorisation ou gonflement ; on évite cet accident en ne leur donnant les fourrages légumineux que lorsqu'ils sont bien ressuyés de la pluie ou de la rosée ; en mêlant ces herbes avec celles des graminées et autres espèces, ou bien mêlées de fourrages secs, de Foin, de Paille, et ne jamais leur en donner de grandes quantités à la fois (1).

Lorsque le mois de mai est sec, la croissance de l'herbe des prés est arrêtée, ce qui amène la disette de foin ; il faut, dans ce cas, profiter de toutes les eaux que l'on a à sa disposition pour irriguer les prairies, en faisant courir l'eau dans les herbes si l'eau est claire ; si elle est trouble, on évite qu'elle coule dans l'herbe en creusant des rigoles dans lesquelles, elle passe et mouille le sol à fond ; ou bien on irrigue par infiltration en tenant le niveau d'eau à quelques centimètres au-dessous de la superficie dans de petits fossés.

C'est pendant le mois de mai que les Osiers ou Vimes sont attaqués par la larve du chrysomela viminalis, qui est appelé en patois girondin pibolle. Le Vime est une des récoltes importantes du vignoble de la Gironde, il est donc nécessaire de le garantir des dégâts de cet insecte. Voici comment on y procède : Aussitôt que l'on s'aperçoit de la présence de l'insecte, on va semer (le matin à la rosée) de la chaux vive en poudre sur chaque pied d'Osier : ce moyen se répète si les larves reparaissent.

---

(1) Les animaux qui sont nourris de fourrages verts légumineux, tels que Trèfle, Luzerne, sont sujets à la météorisation qui les tue s'il n'y a pas de prompt secours ; dans ce cas, on fait de suite avaler au bœuf ou au cheval une bouteille d'eau dans laquelle on a versé 60 grammes d'alcoli volatil ; pour un mouton il n'en faut que 25 gouttes dans un peu d'eau ; l'éther sulfurique est employé aux mêmes doses ; l'eau salée, l'eau de savon, l'eau de lessive de cendres sont employées quand on manque des premières substances indiquées.

C'est en mai que les herbes ont acquis leur suc et qu'arrive l'abondance de bon lait ; la laiterie, pour les communes qui entourent Bordeaux sur un rayon de deux myriamètres, est une branche importante de revenu ; mais il est très rare que les citadins reçoivent de bon lait. C'est aussi sur ce produit que s'exerce la fraude, et on peut dire que la moindre fraude des laitiers, c'est d'enlever la crême, soit pour la vendre aux pâtissiers, soit pour en faire du beurre. Il n'y a qu'un moyen sûr de découvrir cette fraude, c'est de laisser reposer le lait jusqu'au lendemain et de voir si la crême qui surnage est en quantité normale.

C'est en mai que l'on commence à faucher, pour les faire sécher, les Farrouches, les Trèfles, les Luzernes, les Vesces, les Dragées (1).

JUIN.

Nous supposons que la Vigne a été une première fois façonnée en mars, ébourgeonnée en avril, façonnée une seconde fois en mai ; il n'y a, en juin, qu'à attendre sa floraison qui se décèle d'une manière bien sensible par son agréable odeur de réséda. Tant que dure l'épanouissement de la fleur de la Vigne, on ne doit pas la travailler par la raison que : *vigne en fleur ne doit être touchée ni du vigneron ni du seigneur;* ce qui veut dire que les secousses que l'on imprimerait aux ceps nuiraient à la fécondation et occasionneraient un certain coulage ; mais on sait que l'obstacle à la fécondation

(1) On appelle dragée une prairie artificielle annuelle, qui est composée de plusieurs plantes ; ainsi le mélange de la Vesce d'hiver, de l'Avoine, de Pois, de Fèves, est la dragée d'automne ; celle du printemps se fait avec du Sarrasin, du Moha, des Mils, du Maïs, etc. Cette seconde espèce de dragée est surtout destinée à être fauchée en vert ; c'est une ressource précieuse pour l'entretien de la santé des animaux qui s'en nourrissent à l'étable.

qui cause l'avortement de l'ovaire, et que l'on appelle vulgairement coulage, est causé par un vent froid ou par la pluie qui vient noyer la pollen ou poussière fécondante ; dans le second cas, lorsque le vent vient agiter les bourgeons chargés d'humidité, il produit un grand bien. Il est donc avantageux que les Vignes soient autant que possible en lignes espacées et orientées de l'est à l'ouest, afin que le vent qui vient dans les temps pluvieux presque toujours de l'ouest, ressuie plus sûrement les grappes.

Après que la floraison est passée, il y a deux opérations bien importantes qui doivent se faire simultanément à la Vigne : c'est le levage et le pincement, qui consistent à réunir et à attacher soit ensemble, soit à l'échalas, tous les bourgeons, et de couper leur sommet au-dessus de la ligature. Le pincement est très peu pratiqué dans la Gironde, et à tort ; nous le conseillons fortement, parce que nous sommes bien pénétrés de son heureuse influence sur la nouûre et sur l'accroissement du verjus.

Autant le beau temps calme et serein est favorable à la Vigne avant et pendant la fleur de la Vigne, autant la pluie lui est favorable après qu'elle a passé fleur. C'est sur l'observation et la constatation de ce fait que repose le proverbe : *Quand le foin se pourrit, le raisin se nourrit.*

On sait que les prés se fauchent lorsque la Vigne a à peu près passé fleur ; si la pluie vient, elle lave les grappes et fait grossir le verjus, tandis que l'herbe abattue, au lieu de sécher, se pourrit.

C'est en juin que se font les derniers semis pour récolter en automne, tels que Carottes, Betteraves, Haricots, Choux, Fourrages, etc.

Dans la Gironde, on n'a pas sitôt achevé la récolte et la mise à l'abri, soit dans des granges, soit en tas ou mattes en plein air, bien arrangés et bien tassés, tous les foins de prairies naturelles et de prairies artificielles, qu'il faut bien vite venir commencer la moisson. Il arrive fort souvent que le Seigle est mûr du 15 au 20 de ce mois. C'est à l'occasion de l'achèvement de la dessiccation des fourrages et de la mise en train de la moisson, que le cultivateur désire le beau temps sec qui lui est si nécessaire dans la Gironde où le battage et le vannage des grains a lieu en plein air.

Les usages locaux sont des choses terribles, ils constituent ce qu'on appelle la routine. L'observateur ne peut s'empêcher de condamner ces usages en ce qu'ils ont de vicieux ; ainsi, à propos du battage en plein air, on voit dans les champs, pendant la plus forte chaleur de juin et de juillet, des ouvriers des deux sexes suer jusqu'à leur sang, en frappant de toute leur force sur les céréales étendues sur l'aire, pour les égréner ou dépiquer, avec des fléaux dont les coups ne sont divisés qu'en deux séries, de sorte qu'à l'arrivée des verges des fléaux sur l'aire, elles frappent à plat, ce qui est un inconvénient. Les batteries avec les fléaux à grosses verges courtes et à longs manches ont cet avantage que sur six batteurs il y a six coups successifs, de sorte que le blé est toujours soulevé de l'aire à l'arrivée de chaque coup, ce qui est assurément plus expéditif. D'un autre côté, lorsque les graines moissonnées sont emmagasinées en gerbes, il se fait une fermentation qui complète la maturité et qui facilite le dépiquage, lequel, du reste, se fait à loisir ; mais, par cette méthode, on obtient de meilleur grain et une économie de temps, parce que le battage se fait à temps perdu, en automne et en hiver : on comprend l'avantage de cette méthode sur celle de battre sous les rayons brûlans du soleil. Le vannage se fait, dans la Gironde, à l'aide du vent, et il faut attendre qu'il soit assez fort pour cela : c'est encore un inconvénient qui cause fréquemment une perte de main-d'œuvre. Là où le grain se bat en grange, on le nettoie avec un van à bras qui en épure à la fois un double décalitre, et cela en cinq minutes.

On profite de la haute température de juin pour tondre les moutons et faire saillir les brebis ; on commence à semer les Navets turneps sur les Seigles qui ont été immédiatement labourés après la moisson. A cette occasion, nous recommandons aux cultivateurs de la Gironde de suivre l'exemple du pays de bonne culture où la charrue suit les moissonneurs, afin que les labours du chaume se fassent avant que la terre soit trop sèche ; c'est le moyen de détruire les mauvaises herbes, d'obtenir des récoltes, soit de Rabicules, soit de Navette, soit de Colza pour l'huile et les autres Choux fourrages pour nourritures fraîches en hiver. En un mot, nous insistons pour pénétrer les cultivateurs de cette vérité, que la terre n'a pas besoin de repos ; au contraire, elle a besoin d'être toujours fatiguée par la variété des productions.

JUILLET.

Pour la Gironde, juillet est un mois de résultats déjà importans : il est pour notre latitude ce que le mois d'août est pour celle de Paris ; aussi le chemin de fer une fois en activité jusqu'à Bordeaux, sera-t-il pour nos produits précoces un moyen avantageux de les exporter sur la capitale et sur les départemens du Nord. C'est surtout pour nos fruits que la voie ferrée sera pour notre département un grand stimulant de progrès : on sait que devant nos murs, à l'abri du nord, nous voyons, à la fin de ce mois, mûrir le Raisin de la Madeleine, puis le Chasselas ; il y a des Abricots, des Prunes, des Pêches, plusieurs Poires, les Figues violettes hâtives et les Pommes précoces ou Madeleine.

Juillet est l'époque des orages ou des sécheresses ; le cultivateur ne peut qu'une chose contre les premiers, c'est de redoubler d'activité pour recueillir tout ce qui pourrait être dévasté, soit par des pluies torrentielles, soit par la grêle : on sait que la principale de ces récoltes est le Froment qui doit toujours se moissonner avant sa complète maturité, afin d'éviter la perte des grains qui tombent de l'épi et la dessiccation de la paille, ce qui diminue sensiblement sa qualité ; mais si l'homme ne peut parer aux fléaux des orages, il peut beaucoup contre les sécheresses avec des mesures de prévision ; ainsi, dans les terres sèches, il a dû planter ses vignes plus profondément ; ses arbres doivent aussi, dans ces terres, avoir leurs racines un peu plus basses et ses semences un peu plus enterrées ; mais la plus grande précaution à prendre contre l'effet des sécheresses, c'est de donner de bonnes façons aux terres argileuses qui sont couvertes de récoltes sarclées, telles que la Vigne, les Pommes de terre, les Maïs, les Haricots, etc. (1)

---

(1) Une bonne façon aux terres fortes, est celle qui se donne par un beau temps, aussitôt que ces terres sont assez ressuyées pour se travailler commodément, soit avec les houes et les ratissoires à cheval, soit avec la houe, la binette, la serfouette ou sarcle, la ratissoire à bras. On sait qu'une façon a pour but de détruire les mauvaises herbes et d'amener le sol à un état parfait de perméabilité, ce à quoi l'on arrive d'autant plus que la couche remuée est complètement ameublie ou réduite à son plus grand degré de divisibilité; mais pour que cette façon soit parfaite, il faut que le beau temps règne au moins cinq à six jours par dessus, car on aurait beau avoir rempli les conditions d'une façon, s'il pleut immédiatement sur elle, cette façon est gâtée ; il est alors de toute urgence qu'elle se redonne quand le beau temps sec est assuré. On ne saurait assez se pénétrer des bons effets d'un bon binage ; on peut dire qu'on a emmagasiné dans la terre une immense provision d'humidité pour servir au besoin ; dire comment ces bons effets ont lieu est une chose des plus intéressantes, que tout les travailleurs intelligens comprennent parfaitement sans en connaître le mécanisme; ainsi la destruction des mauvaises herbes, dans une journée de belle chaleur en été, la plante dépense, par sa transpiration, onze fois son poids d'eau. La terre bien ameublie ne permet plus l'évaporation, c'est un vase rempli d'eau bien exposé au soleil, mais sur lequel on a mis un tapis épais. La terre meuble, dans sa couche arable, a la précieuse faculté de la capillarité, c'est-à-dire de pomper,

Nous avons dit que c'est en juillet que l'on achève de récolter le Seigle et que l'on procède à la récolte du Froment ; on sait que l'usage, dans la Gironde, est d'effectuer le battage ou dépiquage sur un aire préparé aussi près que possible de l'habitation ; nous avons déjà signalé à cet égard l'inconvénient de cette méthode, et nous venons en constater un autre bien plus grave, c'est que, pendant que hommes et femmes s'exténuent à dépiquer au gros soleil et à vanner les grains, un temps précieux est ainsi perdu pour l'avenir des productions, parce que, occupés qu'ils sont à ces besognes, ils sont forcés d'abandonner et les façons ou binages aux cultures et le labour toujours si important des chaumes, lorsqu'il se fait immédiatement après l'enlèvement de la récolte (1).

On doit s'empresser, en juillet, de faire herser les Carottes qui ont été semées dans les seigles ou dans d'autres céréales aussitôt que la moisson en a été

---

d'aspirer l'humidité des couches inférieures, effet dont on se rend parfaitement compte en regardant un morceau de sucre blanc qui touche par sa base à un liquide quelconque; enfin la couche végétale ameublie ne se crevasse jamais, et elle jouit de la faculté d'absorber parfaitement l'humidité de l'atmosphère qui lui est fournie, soit par de petites pluies, soit par la rosée, ou soit enfin par la transpiration générale du globe qui se manifeste en vapeur quelconque, le soir, la nuit et le matin.

(2) Nous avons déjà dit que dans les pays de bonne culture, on s'empresse de rompre les chaumes, la charrue marche ordinairement derrière les moissonneurs et cela par mesure d'économie, parce que le labour se faisant avant que la terre soit sèche, est bien moins coûteux sous tous les rapports; on sait que la base des tiges des céréales, avec l'herbe qui garnit le sol, fournit un engrais très important par son enfouissement; la destruction des herbes est la prospérité de la terre. Enfin, avec ses champs labourés, on peut en espérer des récoltes de la plus grande utilité, se sont les semis de Rave du Périgord, dans les terres douces, le Trèfle incarnat, dans les terres sableuses, partout du Sarrasin, de la Navette, du Colza, du Maïs pour consommer en vert, de même que le Moha, le Millet, Panis, et Sorgho à balais; ainsi le battage qui absorbe les bras en juillet s'oppose sérieusement aux progrès de la culture.

faite. Cet hersage peut être répété et donné en travers, afin de les débarrasser du chaume et des mauvaises herbes ; mais, huit à dix jours après, on doit donner un serfouissage soigné et éclaircir les Carottes, en ne les laissant qu'à deux décimètres de distance. L'opération du hersage doit aussi s'appliquer aux jeunes semis de Navets et Raves ; mais ici la herse ne doit passer qu'une fois, afin de ne pas trop en arracher ; huit jours après le hersage, on donne un serfouissage léger, puis un autre en août, en laissant les plantes à environ 25 centimètres de distance.

Moisson. — L'opération de la récolte des céréales se fait avec trois instrumens qui sont : la faucille dentelée, la faucille tranchante, appelée volant, et avec la faux dont la lame est surmontée d'un râteau qui est le régulateur du javelage.

Dans la Gironde, nous n'avons encore vu employer que la faucille dentelée, et alors on dit : scier le blé ; quelques cultivateurs ont aussi commencé à employer la faux. Il serait à désirer que cette méthode devienne en usage chez nous, où elle serait tout particulièrement avantageuse, d'abord par un rendement plus considérable de paille et par la grande économie de main-d'œuvre qu'elle procure. Il faut seulement noter que pour l'emploi de la faux, on doit procéder à la récolte quatre ou cinq jours plus tôt que le moment convenable pour la faucille.

Conservation. — Lorsque les céréales abattues ont leurs javelles bien sèches, on les réunit et on les lie en gerbes pour les serrer à l'abri des intempéries jusqu'au moment du battage. Deux méthodes sont suivies pour conserver les grains : l'une, c'est d'entasser les gerbes dans des granges ou greniers ; l'autre, c'est de faire des meules en plein air, à proximité du lieu où doit s'opérer le battage. On conçoit que cette dernière méthode a un grand avantage sur la première, en ce que les meules sont à l'abri de la dévastation des rats, que le grain s'y conserve parfaitement, et qu'on évite par là la dépense d'un grand capital pour la construction des locaux servant de magasin ou gerbier.

Rendement. — Le rendement en grand est de 10 à 20 hectolitres de Froment par hectare. Le Seigle donne comme le Froment dans des terres moins fertiles; mais à fertilité égale, le Seigle rend beaucoup plus que le Froment; l'Orge, qui est le grain des sols calcaires, donne davantage : son rendement va à 25 hectolitres pour l'Orge de printemps, et quelquefois à 40 hectolitres pour l'Escourgeon ou Orge d'hiver. L'Avoine donne encore un produit plus grand que l'Orge : on a récolté jusqu'à 70 hectolitres par hectare sur de vieux prés labourés.

Le produit en paille, lorsque la coupe a été bien raz de terre, est communément de 2 et demi pour 1 dans le Froment, c'est-à-dire 2 kilog. et demi de paille pour un kilog. de grain ; dans les Seigles cultivés en bonne terre, le produit en paille est de 3 pour 1; dans l'Orge et dans l'Avoine, le rendement en paille est de 2 pour 1.

C'est aussi en juillet qu'on récolte la Chanvre mâle, aussitôt que la fécondation est achevée, ce qui se reconnaît au jaunissement des pieds mâles et à la chute de la poussière fécondante ou pollen.

On procède aussi à la récolte du Lin, qui est bonne à faire lorsque les feuilles sont en partie jaunes ; on laisse sécher au soleil pendant une dizaine de jours, après quoi on opère le battage des grains, puis au rouissage.

AOUT.

Le mois d'août est dans notre climat le premier mois de l'année de culture : c'est pendant son cours que commencent sérieusement les travaux de prévision, travaux qui ont pour but des produits pour l'hiver et des produits pour le printemps et l'été suivans ; ainsi les semis de Raves et de Navets, ceux de Spergule, ceux de Sarrasin, ceux de Maïs pour fourrages verts, sont destinés à être récoltés en automne et en hiver ; les semis de Chicorée sauvage, ceux de Trèfle Farrouche, ceux de Navette, de Colza, etc., sont destinés à donner les uns des fourrages pendant tout le printemps et les autres des graines mûres en été pour faire de l'huile. Tous les terrains qui ne sont point mis en valeur par ces sortes de semis n'en doivent pas moins être cultivés en bons labours de préparation pour les semis des mois de l'automne et pour ceux des mois du printemps à commencer par celui de février. Maintenir la terre en bon état par de bonnes opérations de culture faites à propos (1), c'est assurer pour l'avenir sa prospérité.

C'est pendant le mois d'août que le Raisin commence

(1) Les opérations de cultures données aux terres pour les préparer sont les labours, et celles données aux récoltes pendantes sont les façons, binages, serfouissages, ratissages, hersages, etc. Ce n'est pas peu de chose que de distinguer le moment opportun, de savoir reconnaître que le moment est favorable et qu'il est à propos de donner telle ou telle culture à la terre. Ce n'est point, comme on le voit, le nombre d'opérations qui est avantageux, c'est donc l'à-propos. Quant aux labours de préparations, le premier doit se donner toujours, autant que possible, immédiatement après l'enlèvement de la récolte ; si, à ce moment, la terre était par trop sèche, il faudrait attendre qu'une pluie soit venue mouiller toute l'épaisseur qui doit se labourer; le second labour ne doit se donner que quand le premier est bien tassé et que toute la surface du sol est garnie d'herbes, et ainsi de même pour les labours successifs ; mais il faut toujours éviter de labourer la terre qui est trop sèche. Quant aux façons, binages, etc., comme ces opérations ont pour but, 1° de rendre la terre perméable, et 2° de détruire les mauvaises herbes, on doit y procéder toutes les fois que la superficie du sol forme une croûte compacte, ou bien que cette même surface est garnie de nouvelles herbes qui nuisent aux plantes cultivées, et qu'il faut toujours détruire en travaillant la terre avant qu'aucune d'elles puissent mûrir leurs graines ; car on sait que c'est la négligence du cultivateur si les champs sont infestés de mauvaises herbes : c'est sous ce rapport du nettoyage du sol que les cultures sarclées ont un grand avantage.

à vérer, changement qui est annoncé par la maturité du fruit de la grande Ronce des haies (*Rubus fruticosus*). C'est le moment de penser alors à la dernière façon de la Vigne : on ne saurait croire assez combien cette façon est favorable pour la bonne maturité du Raisin et pour assurer la prospérité de la Vigne, qui est d'autant plus féconde que le sol est purgé ou débarrassé des mauvaises herbes. Lorsque la dernière façon est donnée à la Vigne, on s'occupe de la disposition à donner au cuvier et à tout ce qui doit servir à la récolte des Raisins, afin qu'au moment venu rien ne soit en retard.

Le mois d'août est souvent celui qui donne les plus fortes chaleurs ; aussi est-il funeste aux plantations d'arbres de l'année qui paraissent avoir fait leur reprise et qui sont tués pendant ce mois. Pour parer à cet inconvénient, ce n'est point d'arroser au pied des arbres, comme le font certaines personnes plus amateurs que connaisseurs ; mais c'est d'entretenir la terre autour du pied des arbres bien façonnée et avant le mois d'août, sur une nouvelle façon donnée à la houe ; on met une couverture, soit de paille, soit mousse ou tout autre débris sec, qui ombrage le sol en formant tapis.

Enfin, pendant les temps secs d'août, on s'occupe de tous les transports, tels qu'engrais, terres, bois et tous objets pour lesquels il est nécessaire de profiter de la bonne viabilité de communication.

SEPTEMBRE.

C'est pendant ce mois que se déclarent ordinairement les pluies dont on a été privé les mois précédens : le cultivateur a dû se conduire en conséquence pour que ses terres profitent de leur bonne venue ; ainsi il doit s'empresser, dès les premiers jours, de semer son Trèfle incarnat (*Farrouche*), sa Chicorée sauvage, sa Spergule' les Vesces, la graine de Foin, les Féverolles d'hiver' planter le Colza.

Plus tard et par un temps sec, il laboure pour semer son Seigle ; nous disons par un temps sec, parce que l'on dit : *que Seigle se sème dans la poussière et Froment dans la boue.* Les façons en binages sont devenues moins nombreuses ; il n'y a plus que les Navets, Raves, Colza et Navette semés à la volée qui en ont besoin ; mais un autre soin du mois de septembre, est la récolte du regain qui a beaucoup d'importance. La dessiccation du regain est ordinairement fort difficile, parce que la température est moins élevée, les jours courts et ensuite l'herbe qui est loin de sa maturité est par là très aqueuse. Comme à cette époque le cultivateur a à sa disposition une grande quantité de paille, nous lui conseillons de l'employer en stratification avec ses regains ; ainsi sur une couche de regain une couche de paille, et ainsi de suite jusqu'à ce que tout soit entassé dans son grenier à fourrage. La paille ainsi employée assure la bonne conservation du regain, et elle acquiert une saveur qui la rend parfaite pour la nourriture du bétail et notamment pour les vaches laitières.

C'est pendant ce mois que l'on commence à récolter la Pomme de terre. A cet égard, voyez page 89 ce que nous disons de cette récolte.

Le Maïs commence aussi à se récolter. On le laisse séjourner à l'abri en tas, ou les tiges ou les épis, pendant une quinzaine de jours, puis on les débarrasse de leur enveloppe pour les conserver en lieu sec.

Pendant le mois de septembre, on commence à faire consommer déjà des Betteraves, des Carottes et autres racines qui ont acquis tout leur développement ; mais on ne doit pas en faire encore la récolte, seulement on les arrache au besoin.

Sur la fin du mois, on peut commencer à semer le Froment dans les terres humides et l'Orge Escourgeon dans les terres calcaires ; on répète encore les semis de Farrouche dans les terres légères : on sait que tous les fourrages semés en automne profiteront d'une grande somme d'humidité qui est particulièrement favorable à tous les végétaux herbacés.

Septembre est le mois des vendanges ; c'est une des opérations importantes de notre département ; les buveurs appellent le vin tisane de septembre et chanson, pour faire comprendre que cette boisson dispose à la joie. La récolte du raisin a un cachet particulier de gaîté ; pour cette besogne, qui est quelquefois très pénible, on trouve toujours assez de bras, et à bas prix comparativement à ceux des autres récoltes ; presque partout, dans les vignobles de quelque importance, les vendangeurs dansent tous les soirs, et le dernier jour, ils font une grande fête : partout on chante les vendanges et les vendangeurs. Cette grande joie du personnel des vendangeurs, qui est composé d'individus de tous âges et des deux sexes, n'est pas facile à diriger ; aussi il se commet bien de fausses manœuvres ; la main-d'œuvre n'est pas toujours utilement employée, ce qui tient à la routine locale ; nous conseillons nos lecteurs d'étudier dans ce volume l'article de la terre vierge, qui fait connaître la méthode de culture suivie dans le Jura et la Côte-d'Or, ils trouveront sûrement à prendre quelque chose dans cette méthode pour l'appliquer chez eux.

OCTOBRE.

Ce mois est encore pour la Gironde un mois de grande activité ; en effet, la fabrication et le logement des vins sont des occupations majeures et ce n'est guère qu'après qu'elles sont terminées que l'on peut reprendre les semis interrompus des céréales et notamment du Froment ;

c'est alors que le cultivateur, qui doit se considérer comme le fabricant des substances humaines, doit reprendre son sérieux et ne pas perdre un moment des derniers beaux jours pour confier à la terre ces germes qui produisent la richesse et la force des nations ; aussi il sème, avec ses Fromens, son Méteil, son Orge carrée, son Orge escourgeon, l'Epéautre ou Blé sec d'Italie, les graines de Foin, les Vesces et Pois bisaille ; il peut encore semer du Trèfle incarnat et même de Hollande ; ainsi que de la Luzerne dans les terres saines. La plupart des vignerons ont hâte de courir travailler à leur Vigne, et il y en a qui aiment mieux besogne faite que besogne bien faite. Un certain prix-faiteur, un peu trop empressé d'expédier la taille de sa Vigne, effectua cette besogne de suite après vendanges ; la Vigne était encore couverte de ses feuilles; le résultat de cette équipée fut que l'année suivante cette Vigne ne produisit que moitié récolte, et que le vigneron fut congédié de son patron. Ainsi on ne doit commencer à tailler la Vigne que quand toutes les feuilles sont tombées, à moins qu'on ne taille en prime, c'est-à-dire faire la coupe des bois à supprimer seulement et attendre, pour tailler le restant, après que la chute des feuilles est complète.

Une besogne qui est très bonne en octobre, c'est de planter des arbres dans tous les terrains sains ; à l'endroit de cette opération, nous n'avons qu'une recommandation à faire, c'est de ne laisser subsister aucune feuille aux arbres que l'on transplante, à moins qu'ils ne soient à feuilles persistantes ; car ces derniers se plantent en mottes, ou si on est obligé de les planter à racines nues, on supprime alors la moitié de leurs feuilles, puis on les arrose pour aider leur reprise.

A l'époque où nous sommes, les meules de foin ont achevé leur fermentation ; on doit s'empresser de faire le bottelage, afin de se rendre compte de son avoir et de rationner ses bestiaux en conséquence ; on sait que le soin de cette distribution est confié à des valets, qui en puisant dans un tas de foin, le dilapident quelquefois, et d'autrefois n'en donnent pas assez.

On ne doit pas laisser passer ce mois sans faire curer les fossés d'écoulement, afin d'assurer, pour tout l'hiver, le débit des raies d'écoulement qui ont accès dans leur lit : on sait que le bon égouttement des cultures est la première garantie de leurs succès.

NOVEMBRE.

Pendant ce mois les semis de Froment se continuent et sont très bons ; on peut même répéter tous ceux indiqués pour le mois précédent, en les appliquant sur des terrains secs, sableux ou calcaires. C'est dans ce mois que nous voyons ordinairement sévir les premières gelées d'automne qui viennent arrêter les productions herbacées, telles que Haricots, Pois verts, Salades et Radis, que nos dernières fleurs viennent briser leurs tendres corolles, et qu'enfin on voit dégringoler les feuilles qui viennent faire une jonchée sur le sein de leur mère, afin de servir d'abri aux germes qu'elle contient. Admirable nature ! si tous les hommes pouvaient te comprendre, t'apprécier, comme ils seraient plus sages !

C'est après que tous les semis d'automne sont achevés et que les arbres sont dépouillés, que l'on doit commencer les labours d'hiver sur tous les terrains que l'on destine à être mis en valeur au printemps, et que l'on commence aussi à exploiter les bois de chauffage ainsi que les bois de services de tous genres.

On continue les plantations des arbres, on commence à les tailler. Le vigneron a maintenant ses coudées franches : il peut déchausser sa vigne, la déchalasser, la tailler et lui fournir tous les amendemens qu'il a à sa disposition ; les jours sont devenus très courts pour le travail, mais en revanche, celui qui se fait est très bon ;

le proverbe qui dit : qu'en automne et en hiver, labourer vaut fumer, est particulièrement applicable à la Vigne, aux arbres des vergers et des pépinières ; du reste, pour se retrouver du peu de travail de sa journée, le vigneron peut tirer parti de ses soirées, d'abord pour son instruction, et ensuite il peut épelucher et fendre ses vimes, préparer et aiguiser l'œuvre qu'il doit employer en échalas, en joualles et tuteurs dans ses Vignes ; on sait que l'homme qui veut tirer parti de son temps, n'est pas embarrassé de trouver quelque chose d'utile à faire.

Dans les localités où le battage ou dépiquage a lieu en grange, c'est en novembre qu'on y procède ; mais aujourd'hui que la grande exploitation a adopté le service des machines à dépiquer, cette opération se fait par le personnel de l'exploitation au fur et à mesure du besoin, et pendant les momens de loisir en automne et en hiver.

C'est dans ce mois que l'on s'occupe de l'assainissement des terres humides ; ainsi les prés où croissent des plantes aquatiques, ainsi que toute autre culture marquant mieux en automne, par la végétation toute développée de ces plantes, les endroits où il est nécessaire de les saigner, de changer leur niveau et procurer, par tous les moyens économiquement pratiquables, leur bon égouttement. On ne doit pas oublier pendant ce mois de récolter et de serrer à l'abri et à proximité, pour les avoir sous la main, en cas de fortes gelées ou de grandes pluies, toutes les racines alimentaires, telles que Pommes de terre, Rabiole, Navets, Choux rutabaga, Carottes, Betteraves, Topinambours, etc.

DÉCEMBRE.

C'est encore pour la Gironde un mois de récolte ; on sait que les gelées sérieuses n'arrivent guère avant Noël ;

ainsi on se dispose à récolter les Pommes de terre qui ont été plantées en juillet, on rentre aussi les dernières Carottes, les Betteraves, les Rabioles; on abrite les Choux pommés; à cet effet, le moyen le plus économique est celui-ci : on donne du côté nord, au pied de chaque Chou, un coup de bèche ou de pioche qui enlève un peu de terre par dessous ses racines, allant jusqu'au milieu ; on appuie avec le pied du côté opposé pour coucher le Chou, la tête au nord et reposant tout à fait sur le carré; ainsi renversée vers le nord, la Pomme du Chou qui est saisie par la gelée ne dégèle plus, et peut en conséquence supporter jusqu'à six degrés de froid sans se perdre; mais quand on voit que le froid vient plus fort ou qu'il neige, on les couvre d'une couche de paille ou de tous autres objets analogues qui puissent les abriter: traités ainsi, les Choux se conservent tout l'hiver, et durent jusqu'aux Choux d'Yorck qui arrivent ordinairement en avril.

Le mois de décembre est le temps des travaux aux chemins vicinaux: transporter les matériaux de toutes sortes, continuer l'exploitation des bois, tondre les haies; on s'occupe du commerce agricole : ainsi on tue et sale les porcs, on en fait du confit; on engraisse aussi pour vendre les dindes, les oies, les canards, les chapons, etc., parce qu'il faut profiter du moment opportun pour l'approvisionnement des ménages des citadins : on sait que c'est en hiver que se font les confits de viandes.

Le cultivateur doit profiter des longues soirées d'hiver pour faire l'examen sérieux de ses comptes de l'année ; il ne doit pas oublier qu'il est tout à la fois, ou l'un après l'autre, industriel et commerçant, et qu'à ces deux titres, il doit voir où il en est de ces dépenses avec ses recettes; il doit jeter un regard rétrospectif sur tous les détails de son exploitation et surtout à l'endroit assolement ; chercher pourquoi tel ou tel article ne lui a pas réussi, afin d'établir pour l'avenir une règle plus sûre ;

des combinaisons mieux raisonnées; voir enfin si une modification dans son assolement ne serait pas de nature à lui assurer plus de bénéfice ; on conçoit que pour cela, le cultivateur doit posséder la connaissance exacte de son pays ainsi que de ceux qui l'avoisinent ; enfin il doit faire un inventaire de tout ce qu'il possède, remettre en état tout ce qui a besoin de réparation, et se pourvoir de tout ce qui peut lui manquer pour l'année qu'il va bientôt commencer.

Décembre est le temps propre aux défoncemens, aux nivellemens, aux remblais ; dans la Gironde, ces travaux ont une grande importance pour la culture de la vigne, des vergers et des jardins ; mais on ne se doute pas que le défoncement ou au moins un labour très profond (40 cent.) est on ne peut plus avantageux pour la culture du Froment; cette vérité est si bien comprise dans quelques départemens, notamment dans celui du Rhône (ainsi que nous l'a affirmé M. Dupuits de Maconnex, l'un des plus savans agriculteurs de France), que dans ce pays, on ne saurait pas semer de Froment si le terrain n'était pas défoncé, et ils s'en trouvent bien.

Nous recommandons l'entretien en bon état dans toutes les cultures, mais particulièrement dans les champs de céréales, des raies d'écoulement, il faut les visiter souvent pour s'assurer qu'elles fonctionnent sans aucun obstacle. Le propriétaire de troupeaux doit maintenant avoir à sa disposition et sous la main une bonne provision de fourrage et racines, et se bien pénétrer qu'ils peuvent entrer pour un quart dans l'alimentation générale des bestiaux et pour moitié dans celles des vaches laitières et des brebis ; à cet égard, l'expérience a démontré que l'emploi des Pommes de terre crues donne plus de lait ; mais cuites elles favorisent l'engraissement ; nous croyons qu'il serait très convenable et avantageux pour l'entretien de la santé et l'embonpoint des animaux, de leur donner un jour les Pommes de terre crues, et l'autre les leur faire cuire. La cuisson des

Pommes de terre pour être économique, se fait ainsi : on a une chaudière montée sur un fourneau ; cette chaudière reçoit sur son embouchure une barrique dont le fond s'y adapte exactement, ce fond est dans toute sa surface percé par une tarrière moyenne ; chaque ouverture est à environ 0,04 cent. de distance ; le fond supérieur de la barrique est enlevé et remplacé par un couvercle volant ; la chaudière est remplie aux trois quarts d'eau ; la barrique est remplie de Pommes de terre, et le couvercle par desssus ; on allume et entretient un bon feu ; lorsque l'eau commence à chauffer on lute le pourtour de la barrique avec de la cendre pour empêcher la déperdition de la vapeur ; dans l'espace d'une heure, la barrique est parfaitement cuite, et les Pommes de terre sont très farineuses, parce que, cuites à la vapeur, elles ne sont nullement imbibées d'eau. Cette méthode si simple nous fait désirer de voir inventer une marmite à l'usage de tous les ménages pour faire ainsi cuire les Pommes de terre.

Les semis du mois de décembre sont peu nombreux ; toutefois, dans le commencement, on peut encore faire de bon semis de Froment ; pendant tout son cours, et lorsqu'il ne gèle pas trop fort, on peut semer tous les Pois hâtifs, les Fèves et Féverolles, les Avoines d'hiver et les Gesces.

ARTICLES SPÉCIAUX D'AGRICULTURE.

DE LA MALADIE DES POMMES DE TERRE.

Il y a longtemps que l'altération des Pommes de terre a été remarquée ; dès l'année 1816 (qui fut surnommée l'année de bon appétit) nous en vîmes périr dans plusieurs champs un certain nombre de pieds. Depuis cette époque, nous l'avons vue plus ou moins; mais jamais cette maladie n'avait sévi aussi généralement qu'en 1845. Comme le produit de ce tubercule est devenu une ressource précieuse d'alimentation pour l'homme et les animaux domestiques dans toute l'Europe, cette grave maladie a mis tout le monde en émoi et en crainte pour l'avenir ; elle a été un sujet de controverse ; les savans l'ont traitée scientifiquement, et les cultivateurs, en France, n'en ont pas moins continué et étendu sa culture : c'est un bonheur à constater. Pour nous qui avons, comme tant d'autres cultivateurs, apprécié l'immense ressource alimentaire que les nations ont dans la culture de la Pomme de terre, nous avons fait des recherches pour connaître l'intensité du mal, afin de fournir notre part de lumière sur un sujet devenu une inquiétude publique. Rechercher les causes de cette altération afin de la combattre ou de l'éviter, telle a été la tâche que nous avons prise.

D'après nos observations réitérées, nous étions porté à croire que la maladie des Pommes de terre était purement accidentelle ; mais, pour en avoir la certitude, il nous fallait une expérience ; on va voir comment elle se fit : Nous avions constaté que des Pommes de terre de la variété hâtive dite Truffes d'août, qui avaient échappé à l'hiver, donnaient en juin un produit mûr et à peu près double de celui de la même variété plantée après l'hiver et qui arrive en maturité en août et septembre, fait qui a été reconnu et constaté par d'autres et qui est on ne peut plus profitable aux horticulteurs primeuristes. Voici notre expérience : nous plantâmes en terre sableuse en novembre (avec abri sur chaque place), des Pommes de terre jaunes précoces, pourries de la maladie ; en février 1848, nous fîmes une nouvelle plantation ; le tout fut façonné comme d'habitude ; en mai, les plantes étaient fleuries et avaient des tubercules beaux et sains ; en juin, ils étaient mûrs, et du premier au dernier tous exempts de l'altération. Ces Pommes de terre se conservèrent parfaitement jusqu'en novembre, époque où les dernières se plantèrent ou furent consommées. L'expérience comprenait 300 pieds plantés en novembre et 100 en février. Depuis le résultat de cette expérience, nous savons que d'autres cultivateurs ont aussi constaté que les tubercules atteints et plantés ont donné des produits sains. Comme on le voit, c'est un fait que chacun peut vérifier et qui prouve que la maladie n'est qu'accidentelle. Maintenant quelle est la cause ; la connaître exactement est la grande affaire : on verra maintenant si nous l'avons bien trouvée.

Les observations et les rapports ont établi : 1° que partout où la maladie a sévi, elle a été toujours plus grande dans les terres compactes, humides ; ainsi, dans les mêmes localités, tandis que l'altération avait affecté la moitié du produit dans les terres que nous venons de désigner, elle n'avait atteint que la seizième dans les terres sableuses ; 2° les plantations de novembre et de février, dont les produits se récoltent en juin, n'avaient pas encore été attaquées avant 1848 ; 3° enfin, les plantations du mois de juillet, qui donnent leurs produits en novembre et décembre, n'ont pas encore été affectées. Voilà assez de faits qui indiquent que la cause de cette épidémie de la Pomme de terre n'est autre que la cessation du concours équilibré des agens essentiels de la végétation, la chaleur, l'humidité et l'air, dont le concours simultané cesse d'exister lorsqu'une sécheresse se prolonge, et ce fait observé que pour la première fois dans la Gironde les Pommes de terre de la Saint-Jean ont été affectées en 1848, le démontre d'une manière concluante. En effet, que s'est-il passé pendant le printemps de 1848 ? une sécheresse qui a commencé vers le 15 mai et a fini fin juin. C'est donc assurément la cessation du concours équilibré des agens de la végétation que nous venons d'indiquer qui est l'unique cause du mal ; ainsi, pendant une sécheresse, il est évident que ce concours est détruit bientôt dans l'atmosphère, et plus tard il le sera aussi dans la terre, et sa cessation sera d'autant plus complète que cette terre sera moins perméable.

La végétation de la plante cesse tout d'un coup ; c'est une sorte d'asphyxie qui se remarque non seulement sur la Pomme de terre, mais sur bien d'autres végétaux plus robustes qu'elle, notamment les Cerisiers, les Erables. Quand la plante est ainsi frappée, sa désorganisation est aussi rapide que sa mort, parce qu'à cette époque la terre croirait manquer à son devoir si elle ne s'empressait de faire servir la mort à une vie nouvelle d'êtres dissemblables. C'est alors que l'on voit se développer sur toutes les parties de la plante morte et plus particulièrement et plus promptement sur les racines, une moisissure qui n'est qu'une espèce de champignon du genre *uredo*, puis naissent ensuite des insectes du genre *acarus*, qui vivent de la substance ou du cadavre de la plante : ce que des savans ont pris pour la cause n'est donc que l'effet.

Mais, nous dira-t-on, pourquoi la maladie de la Pomme de terre est-elle plus fréquente aujourd'hui qu'autrefois? nous dirons qu'autrefois les sécheresses étaient plus rares, elles étaient moins longues; mais depuis que les montagnes ont été déboisées, les pluies sont devenues d'autant plus éloignées qu'il fait plus chaud ; de là les longues pluies d'hiver et les sécheresses de l'été; et l'on conçoit que l'effet de ces intempéries agit d'autant plus sensiblement que les végétaux qui les supportent sont exotiques. On conçoit que le reboisement des montagnes, des coteaux et autres points élevés viendrait rétablir l'équilibre de la chute des pluies; mais, d'un autre côte, il pourrait arriver que le fléau de la grêle nous frapperait plus souvent ; donc ce qu'il y a de plus convenable aujourd'hui, c'est, nous croyons, de réduire la culture de la Pomme de terre à son expression la plus simple. C'est ce que nous avons essayé de faire ; si nous ne sommes pas parvenu complètement à notre but, nous espérons du moins avoir préparé la voie aux praticiens observateurs et nous aurons la satisfaction d'avoir rempli un devoir.

Nous avons déjà dit que les Pommes de terre sont d'autant plus affectées qu'elles sont cultivées en terre compacte ; donc le premier besoin est de les mettre dans un milieu perméable, et la première nécessité est de diviser la terre par un bon labour, de former des planches étroites, bombées et de planter un rang sur le milieu de ces planches, ou deux rangs, un sur chaque revers. Règle générale : il faut planter peu profond ; il ne faut pas perdre de vue que les Pommes de terre doivent être en communication avec l'air, surtout il faut qu'elles soient peu recouvertes ; à cet égard on peut établir que la profondeur moyenne peut être de un décimètre ; ainsi ce sera un peu moins dans les terres compactes et un peu plus dans les terres sableuses ; tenir le sol bien perméable à cette profondeur par trois binages ou façons et en donner un troisième et dernier lorsque les plantes sont en fleurs ; ce dernier binage doit remplacer le chaussage que nous conseillons de ne plus faire, et cela en vue du maintien de la santé des plantes et pour en obtenir un plus grand nombre. Expliquons comment on obtient ces deux résultats si importans : en supprimant le buttage, les tiges retombent sur le sol, l'ombragent et lui conservent par là cette humidité si favorable à la santé des plantes ; la courbure de la tige dévie la sève, ce qui détermine la fécondité des parties inférieures, les tubercules ; ainsi le sol ombragé, la végétation modérée dans la tige, maintiennent la santé et amènent la fécondité.

RÉCOLTE DANS LA GIRONDE.

Il est très important de récolter à propos ; le terme convenable de la maturité des Pommes de terre est indiqué par le jaunissement des feuilles, ce qui arrive quelque temps après que les graines sont formées. Il est toujours imprudent de laisser sécher les tiges, on expose les tubercules à une nouvelle végétation après la première pluie qui vient les mouiller, ce qui est une perte dans leur qualité ; mais ce qui est plus grave, c'est que dans les terrains forts elles sont sûrement atteintes de la maladie qui est alors causée d'abord par le manque d'air et ensuite par l'humidité.

Si sur un champ de Pommes de terre on aperçoit après la floraison quelques touffes qui jaunissent prématurément, c'est un indice qu'elles sont hâtives, il faut s'empresser de les arracher pour la consommation.

Résumé. D'après notre opinion établie sur l'étude de cette maladie, nous croyons que pour l'avenir on n'aura plus à la craindre si on suit la méthode simple de culture que nous avons indiquée plus haut et qui se réduit à ces quelques points principaux : 1° planter peu profond ; 2° entretenir le sol propre et bien ameubli, surtout depuis l'époque de la floraison jusqu'au jaunissement des feuilles, qui indique la maturité ; 3° ne plus les buter que l'épaisseur de terre nécessaire pour empêcher les tubercules d'être au contact de l'air et de la lumière.

SOINS DE RÉCOLTE ET DE CONSERVATION.

Autant que possible, il faut choisir un beau temps pour faire l'arrachage des tubercules ; on les laisse étendus tout le jour sur le sol ; le soir, on les réunit en tas coniques, puis on les abrite avec une couche de leurs tiges ; le lendemain, on les découvre et les laisse se ressuyer toute la matinée, puis on les enlève pour les porter au magasin qui doit les recevoir et dans lequel on doit pouvoir facilement les abriter de la lumière, de la chaleur, de l'air, de l'humidité et de la gelée : avant de les mettre en tas dans les lieux de conservation, il est toujours bon de les étendre pour les ressuyer.

Pour prolonger la qualité des tubercules, on doit aussitôt que leurs germes se développent, les sortir avec soin. On évite ce travail en les faisant sécher dans un four où vient de cuire le pain ; ils y subissent une demi-dessiccation qui tue leurs germes ; mais on conçoit qu'on ne peut traiter ainsi que celles destinées à la consommation et non celles qui doivent servir de semences.

PRODUITS.

Le produit moyen de la Pomme de terre est entre 2 à 300 hectolitres par hectare dans les terres à blé. Lorsque la chaleur et l'humidité viennent favoriser sa végétation, son produit est miraculeux. Nous avons été témoin de la récolte d'un champ en terre à blé, de moyenne fertilité, mais qui est situé en contre-bas d'une grande route et recevant le déversement des eaux pluviales ; ce champ, cultivé en grosse Patraque rouge longue, produisit à raison de 700 hectolitres à l'hectare. Il est donc bien reconnu aujourd'hui que cette culture est la plus lucrative. Plus nous avançons, plus la consommation de la Pomme de terre prend de l'extension ; on n'a donc qu'à gagner d'augmenter une culture qui est la moins éventuelle, qui ne craint ni la grêle ni les autres intempéries : il n'y a qu'une chose qu'elles redoutent, ce sont les sécheresses qui règnent pendant la dernière période de leur croissance, c'est-à-dire de leur floraison à leur maturité ; mais pour annihiler cet effet et pour avoir des Pommes de terre toujours fraîches et en bon état, nous conseillons : 1° de planter en novembre, avec abri convenable, des variétés précoces, on a une récolte qui commence en avril et va jusqu'à la fin de juin ; 2° des mêmes variétés en février et toujours en terre sèche ; 3° planter des variétés de moyenne précocité et de tardive en mars, avril et mai, en terre plus forte, plus humide, on a à récolter depuis le mois d'août jusqu'à la fin d'octobre ; 4° on plante en juillet des variétés hâtives dans tout terrain ; mais sur la fin du mois en terre légère plus sèche qu humide, à la faveur de l'humidité constante de l'automne, pendant la dernière période de leur croissance, ces Pommes de terre donnent un produit excellent qui peut, au moyen d'un léger abri sur chaque touffe, rester en terre jusqu'au 20 décembre. On comprend que ces tubercules recueillis à cette époque, se conservent parfaitement frais jusqu'en avril, époque de la première cueillette des plantations de novembre. Nous disons première cueillette, et voici pourquoi : les Pommes de terre ainsi traitées ont en avril déjà de fort beaux tubercules, mais elles continuent d'en fournir qui mûrissent aussi par succession ; ainsi on cherche et on enlève avec précaution les plus forts, sans déranger les autres, et on procède ainsi tous les quinze ou vingt jours. Tel est le procédé suivi à Bordeaux par quelques horticulteurs intelligens.

Notice sur la Culture de la Vigne.

Extrait des actes du Congrès de Vignerons français tenu à Marseille.

CHOIX DES TERRES.

Toute terre végétale est propre à la culture de la Vigne, pourvu qu'elle soit disposée convenablement et entretenue par une bonne méthode de culture. Pour la Vigne, comme pour toute autre production, on récolte peu dans les terres maigres et beaucoup dans celles qui sont fertiles ; mais il y a compensation sur la qualité. Les bons vins de Bourgogne se récoltent dans les sols calcaires les plus chargés de pierrailles ; les premiers crus du Bordelais sortent des terrains sableux les plus chargés de cailloux ; mais dans toutes ces localités, les plaines basses de terrains fertiles produisent abondamment des vins ordinaires plus ou moins inférieurs. Dans une simple notice succincte ayant la forme d'une lettre, nous ne pouvons donner que des définitions, mais nous sommes certain qu'aujourd'hui c'est ce qu'il y a de plus convenable, surtout quand elles s'adressent aux savans réunis pour l'étude d'une spécialité.

Une faute à peu près commune aux théoriciens qui débutent dans la pratique, c'est d'exiger du sol plus qu'il ne peut donner ; faute qui a fait échouer bien des entreprises rurales commencées sous d'heureux auspices. A nos yeux, le grand talent consiste donc d'appliquer au sol les cultures qu'il peut produire avec succès et avec le moins de frais possible. En conséquence, nous établissons les règles générales suivantes : pour la culture en grand de la Vigne, tous les terrains conviennent, mais il ne faut pas espérer d'obtenir de bons vins dans ceux où l'argile domine, encore moins dans ceux acquis sur des marais ; mais en revanche on obtient l'abondance. Dans celles de formation calcaire mêlées de pierrailles angarines, de silex, et lorsque, avec cette nature de terrain, l'exposition est élevée, bien découverte ou mieux encore s'il y a pente vers le sud, les vins seront fins, si le choix du cépage est judicieux. Dans la préparation du sol, la première mesure à prendre, c'est sa disposition, ainsi en planches larges et peu élevées dans ceux qui sont secs ; dans ceux qui sont humides, elle doivent être étroites et élevées ; la seconde mesure est, non de le fumer, mais de l'amender ; l'amendement le plus convenable est celui produit par les agens atmosphériques, il suffit de savoir en tirer parti. Ainsi, si l'on fait un fossé d'un mètre de profondeur que l'on garnisse le fond de bonne terre végétale de 25 à 30 centimètres d'épaisseur et que de chaque côté on plante de la Vigne, les parois du fossé se bonifieront à l'air, à la lumière, à la gelée, etc. Les plans de Vignes croîtront rapidement, parce que leurs raisins sont près de la superficie, et, au fur et à mesure de leur croissance, par le remplissage insensible du fossé, elles recevront un remblai gradué de terre parfaitement amendée, et au bout de cinq ans il sera complet. Il est facile de concevoir que la terre sortie du fossé et exposée à l'air, pendant plusieurs années, a été bien amendée, et que retombant petit à petit dans la fouille, elle constitue un sol fertile et bien défoncé. Il est bien entendu que le fossé d'un mètre dans les terrains sains ne devra être que de 50 centimètres dans ceux qui sont humides, et dans les deux cas le fossé devra pouvoir s'égoutter soit dans les raies, soit dans des fossés dont le niveau est inférieur au sien. Ainsi l'histoire du fossé est celle de tous les vignobles à planter, il s'agit de se disposer à en faire l'application en grand. Nous ne conseillons pas le défoncement total, parce que son effet est de peu de durée et parce qu'il devra être partiel et perpétuel par le fossoyage destiné à coucher tous les cinq ans, environ, le quinzième des souches et fournir, à chacune des autres qui sont déchaussées, au préalable, un bon chaussage de la terre de ces fouilles. Pour avoir une idée exacte de cette méthode, il faut aller, en hiver, l'observer dans les vignobles du Jura et de la Côte-d'Or, où elle est bien suivie de temps immémorial.

CHOIX DU CÉPAGE.

Il doit être basé sur l'observation ; ainsi, dans les terrains à bon vin, on réunit tous les plants fins que l'on sait pouvoir y réussir ; dans les terres de bonne fertilité, on réunit les grands cépages féconds pour qu'ici la quantité dédommage de la qualité; mais il est certain que, si l'on peut faire du bon vin avec le produit de quatre ou cinq cépages, on le fera encore meilleur avec celui de dix, quinze et même vingt ; c'est d'après ce fait que nous sommes désireux de voir propager la Vigne par semis, afin d'augmenter le nombre des cépages ; on ne saurait trop encourager cette recherche, parce que l'on doit cultiver, au midi, les variétés tardives, au nord, celles qui sont hâtives ; on conçoit que la différence dans l'époque de maturité est un grave inconvénient, et que c'est sous ce rapport que l'étude des cépages présens et à venir doit être faite dans le but de réunir dans une nature de terre donnée et aux diverses expositions, des variétés en plus grand nombre possible qui y prospèrent et qui mûrissent à peu près en même temps, ce qui est une condition essentielle de la bonne qualité du produit; mais, avant de terminer ce que nous avons à dire sur ce point important, nous croyons devoir constater que notre richesse en cépage et très grande et qu'elle suffit à tous les besoins, et pour s'en convaincre, il n'y a qu'à visiter à la veille des vendanges l'école de cépages (1) établie par

(1) Cette école de Carbonieux fut établie, avec le concours de la Société Linnéenne de Bordeaux, pour l'étude synonymique de la Vigne.

M. Bouchereau sur son domaine de Carbonieux près Bordeaux, ainsi que nous l'avons fait l'année dernière, en compagnie des principaux membres du Congrès de Vignerons qui siégeait dans cette ville et dont nous avions l'honneur de faire partie.

Oui, nous sommes assez riches en cépages; mais pendant que les uns étudient ce que nous possédons, les autres qui cherchent en même temps à acquérir et augmenter par des semis le nombre des variétés, méritent aussi la reconnaissance de tous les amis de la culture de la Vigne ; mais c'est, ainsi que l'a très bien dit l'honorable M. Bouchereau, dans le champ de l'excursion que doivent se réunir les esprits.

PROPAGATION DE LA VIGNE.

Pour la culture en grand, il est évident que le mode de multiplication par boutures est le meilleur, mais on doit en varier l'application d'après la méthode de culture ; ainsi pour les plantations en terrain pleinement défoncé, on fait les boutures en place, mais pour celles que l'on établit dans des fossés on doit donner la préférence aux boutures enracinées de deux ans de pépinière et il est bon qu'elles aient été faites en plan incliné, afin que leur base ait des racines sur une plus grande longueur ; les plantations se font dès le mois de février en terrain sec et se continuent jusqu'en mai dans ceux qui sont humides.

L'espacement des plants se règle sur la venue du cépage et sur le dégré de fertilité du sol ; ainsi c'est un mètre dans les terrains pauvres et deux mètres dans ceux qui sont riches.

Pour la profondeur à laquelle ils doivent être mis dans le sol, c'est une question plus importante qu'on le croit généralement ; il est un fait des plus positivement constatés, c'est que la Vigne a cette précieuse faculté de végéter parfaitement et on peut dire modérément en bois ; mais de fructifier d'autant mieux que ses racines se trouvent sous d'énormes remblais dans les terrains sains et il est de la plus grande évidence que la Vigne ayant ses racines mères à un plus grande profondeur est par cela même à l'abri de l'influence de la grande humidité qui règne, ainsi que des effets des grandes sécheresses. Ce fait qui est une vérité que rien ne peut détruire, vient nous indiquer que l'on ne saurait assez apprécier la méthode de culture de la Vigne qui prend toutes les dispositions qui conviennent pour établir profondément la Vigne dans les terrains sains; car, quand nous fixons notre maximun à un mètre, nous disons qu'on pourrait même le dépasser pourvu que le remblai se fasse graduellement ainsi que nous l'avons dit dans l'explication des fossés.

TAILLE DE LA VIGNE.

Cette opération peut être considérée comme l'un des principaux régulateurs de la durée de la Vigne, ainsi que de sa fructification et de la qualité du vin. La taille faite avec une serpe est bien meilleure que celle faite avec le sécateur ; mais comme nous ne sommes pas ennemis du progrès et surtout en ce qui concerne l'économie, nous disons qu'il est très utile d'employer la serpe pour la partie de cette opération qui ne peut se bien faire que par elle et ne laisser pour le sécateur que la coupe des sarmens porte-fruits ; ainsi la serpe commence et effectue toutes les suppressions et il ne reste au sécateur que le raccourcissement des sarmens fructifères; mais il est bon que l'opération se fasse en deux fois, afin de n'être pas obligé à chaque instant de changer d'outil. Cette marche de la taille a aidé à répandre dans certains vignobles que nous connaissons la méthode de ne raccourcir les sarmens à fruits qu'à l'époque des gelées du printemps, afin de les préserver de ce fléau, et on s'en trouve bien.

La connaissance essentielle que doit posséder le vigneron qui taille, est la distinction à faire des cépages, car il en est qui ne donnent leur maximun de produit, qu'en laissant de longs bois qui sont ensuite tenus, les uns en plan incliné, d'autres sur le plan horizontal, et enfin d'autres pliés en demi-cercle vers le sol ; on sait que le plus grand nombre se taille en coursons; les têtes de ceps forment ou le gobelet ou l'espalier ; quant à la charge à donner elle se règle sur l'âge, la variété, la nature du terrain et l'état de santé de la plante.

LABOURS.

Toutes les fois que par une méthode appropriée de la culture de la Vigne, on peut labourer la terre avec la charrue, il en résulte une économie considérable, et nous disons que dans le fameux vignoble du Médoc, qui se cultive à la charrue, si les propriétaires ne font pas une fortune rapide, l'unique cause est le peu de durée de la Vigne en bon état de production, ce qui les oblige à l'arracher pour replanter à neuf. Quant à la profondeur du labour, il est prouvé qu'il y a un grand avantage à ce que le premier soit profond, parce qu'il est une sorte de demi-défoncement, ce qui rend les autres plus faciles et la Vigne profite bien plus facilement des influences atmosphériques. Nous n'admettons l'emploi des engrais à la Vigne que pour les plantations nouvelles, afin d'assurer la fertilité d'un sol neuf et obtenir une croissance rapide ; ainsi tous les engrais sont bons, on emploie ce que l'on a sous la main : l'essentiel est qu'ils ne soient pas trop coûteux ; mais dans les Vignes faites, il n'est pas nécessaire de faire des dépenses d'engrais, ils sont nuisibles sous plusieurs rapport, et nous soutenons que dans toutes les terres où se cultive la Vigne, elle peut donner son maximun de produit sans engrais ; mais il faut qu'ils soient remplacés par des amendemens terreux, ainsi que nous l'avons dit plus haut.

ÉBOURGEONNEMENT.

L'ébourgeonnement influe avantageusement sur l'avenir de la Vigne ; mais son effet est plus immédiat sur la récolte pendante ; ainsi cette opération bien exécutée fait grossir le bois, les fruits et avance leur maturité ; elle facilite et abrège sensiblement la taille ; elle dispense de l'effeuillage (pratique vicieuse de laquelle on ne devrait parler que pour la proscrire). Il est de la plus grande évidence qu'une Vigne bien ébourgeonnée qui aura ses fruits jouissant parfaitement de l'air et de la lumière, n'aura nullement besoin d'être effeuillée, ce qui serait conséquemment nuisible ; car il est prouvé que les feuilles élaborent une notable partie de la nourriture des fruits ; elles les protègent contre les intempéries, et on conçoit que pour ces deux points importans, ce sont celles situées le plus près des fruits qui remplissent cette double mission, et c'est justement elles que l'effeuillage vient enlever les premières ! Qui ne sait combien les brusques transitions de température sont funestes aux végétaux et plus encore à leurs fruits. Il est donc évident que l'opération bien appliquée de l'ébourgeonnement produit de si grands avantages qu'on ne saurait assez la conseiller, et si dans les vignobles où on ne l'applique pas, il devient parfois nécessaire d'effeuiller, cette besogne doit se faire avec la plus grande prudence et ne se commencer qu'à la veille de la maturité, ou si un temps pluvieux la nécessitait plus tôt il est utile qu'elle se fasse peu à peu en plusieurs reprises.

PINCEMENT.

Cette opération consiste à rogner d'un coup de serpette la sommité de tous les bourgeons aussitôt que le raisin est passé fleur, après les avoir au préalable réunis et attachés ensemble ou contre les échalas ; cette pratique est des plus avantageuses, ses effets principaux sont d'assurer la nouûre du fruit et son développement plus rapide, qui est la conséquence du grossissement plus sensible des bois, effet qui a lieu par le reflux de la sève vers leur partie inférieure. Quant à l'effet produit par le pincement, pour avancer ou retarder la maturité, il est peu sensible ; mais toutefois il a lieu pour l'avancer : c'est l'effet général.

D'après ces quelques définitions nous résumons cette notice en insistant sur la possibilité qu'il y a de ne plus dépenser d'engrais pour les Vignes afin d'obtenir des meilleurs vins et d'augmenter la somme des autres produits du sol à qui reviendrait ces masses fertilisantes, là seulement elles seraient employées avantageusement.

La Vigne peut durer indéfiniment en état de production, si elle a été bien plantée et renouvelée avec intelligence par le couchage des souches les plus fatiguées, et si le terrain est partiellement défoncé tous les cinq ans. Quant aux inconvéniens du sec et de l'humide, l'intelligence humaine doit s'en jouer aussi bien pour la culture de la Vigne que pour toute autre ! elle a vaincu des obstacles bien plus difficiles. Tous les faits signalés ou constatés dans cette notice, constituent une connaissance presque vulgaire dans le Jura et la Côte-d'Or où nous avons longtemps cultivé la Vigne, et si plus tard le Congrès de Vignerons se porte sur ces points, il pourra aussi les constater. Je prie Messieurs les membres du Congrès de considérer dans cette notice qu'elle est le travail d'un homme de pratique, mû par l'amour de son pays, et qui vient apporter le faible tribut de ses lumières, afin de fournir son moellon à l'édifice que se propose d'élever le Congrès de Vignerons français et étrangers pour le perfectionnement de cette belle partie de notre agriculture.

Du Mûrier blanc, comme plante textile ou filamenteuse.

Olivier de Serres, dans son Théâtre d'Agriculture, ouvrage publié en 1600, à l'article Mûrier blanc, disait :

« Le revenu du meurier blanc ne consiste pas seulement en la feuille, pour en avoir la soie, mais aussi en l'escorce pour en faire des toiles grosses, moyennes, fines et déliées, comme l'on voudra ; par lesquelles commodités se manifeste le Meurier blanc être la plante la plus riche et d'usage plus exquis, dont encore ayons eu coignoissance. De la feuille du Meurier, de son utilité, de son emploi, de la manière d'en retirer la soie, a été ci-devant discouru au long : ici ce sera de l'escorce des branches de tel arbre, dont je vous représenterai la faculté puisqu'il a pleu au roi de commander de donner au public l'invention de la convertir en cordages, toiles, selon les épreuves que j'en ai présentées à sa Magesté....... Ainsi m'en a-t-il prins, touchant la coignoissance de la faculté de l'escorce du meurier blanc. Car pour sa facile séparation d'avec son bois, estant en sève, en ayant fait faire des cordes, à l'imitation de celles de de l'escorce de tillet (tilleul), qu'on façonne en France, mesme au Louvre en Parisis, et mise sécher au haut de ma maison, furent par le vent jetées dans le fossé, puis retirées de l'eau boueuse, y ayant séjourné quelques jours, et lavées en eau claire ; après des torses et séchées, je vis paraître la teille ou poil, matière de la toile, comme soie ou fin lin ; je fis battre ces escorces-là à coup de massue pour en séparer le dessus, qui s'en allant en poussière laissa la matière douce et molle, laquelle broyée, sérancée, peignée, se rendit propre à être filée, et ensuite à être tissue et réduite en toile. Plus de trente ans auparavant j'avois employé l'escorce des tendres jetons de Meuriers blancs à lier des entes à écusson, au lieu de chanvre dont communément on se sert en délectable mesnage.

» Voilà la première espreuve de la valeur de l'escorce du Meurier blanc, lequel accident rédigé en art n'est à douter de tirer bon service au grand profit de son possesseur. Plusieurs plantes et arbres rendent aussi du poil, mais les unes en donnent petite quantité, ou de qualité faible ; il n'est pas ainsi du Meurier blanc, dont l'abondance du branchage, la facilité de l'escorcement, la bonté du poil, procédant d'icelui, rendent ce mesnage très assuré : voir avec fort petite dépense, le père de famille retirera infinies commodités de ce riche arbre, duquel la valeur non cognue de nos ancestres a demeurée enterrée jusqu'à présent, comme par les yeux de l'entendement, il le reconnoîtra encore mieux par les expérience. Mais afin qu'on puisse rendre de durée à ce mesnage, c'est-à-dire, tirer du Meurier l'escorce sans l'offenser, ceci sera noté : que pour le bien de la soie, il est nécessaire d'esmunder, d'eslaguer, d'étester les Meuriers, incontinent après en avoir cueilli la feuille, pour la nourriture des vers, selon, toutes fois, distinctions requises. Les branches provenant de telles coupes serviront à notre invention ; parcequ'estant lors en sève (comme en autre point, ne faut jamais mettre la serpe aux arbres), très facilement s'escorceront elles, et ce sera faire profit d'une chose perdue ; car aussi bien les faudrait jeter au feu, mesmes dépouillées d'escorce, ne laisseront bien d'y servir ; si mieux l'on aime, au préalable, les employer en cloisons de jardins, vignes, etc., où tel branchage est très propre pour ses durs piquetons, étant secs et de long service pour la durée, ne pourrissant de lontemps : d'où finalement retirée pour dernière utilité, et bruslé à la cuisine.

» Et parceque les diverses qualités des branches diversifient la valeur des escorces, dont les plus fines procèdent des tendres summités des arbres, les grossières des grosses branches endurcies, les moyennes, de celles qui tiennent l'entre-deux, lorsque l'on taillera les arbres, soit en les esmundant, eslagant, ou étestant, le branchage en sera assorti, mettant à part, en faisceaux, chacune sorte, afin que sans confus meslange, toutes les escorces soient retirées et maniées selon leurs particulières propriétés. Sans délais, les escorces, seront séparées chacune de leurs branches employant la fleur de la sève, qui passe tost, sans laquelle on ne peut ouvrer en cet endroit, et ayant embotelé les escorces, chacune des trois sortes à part, l'on les tiendra dans l'eau claire ou trouble, comme s'accordera, trois ou quatre jours, plus ou moins, selon leurs qualités, et les lieux où l'on est, dont les essais limiteront le terme. Mais en quelque part qu'on soit, moins veulent tremper dans l'eau les minces et tendres escorces que les grosses et fortes : retirées de l'eau à l'approche du soir, seront estendues sur l'herbe de la prairie, pour y demeurer toute la nuit, afin d'y boire les rosées du matin ; puis devant que le soleil frappe, seront amoncelées jusqu'au retour de la vespérée ; lors remises au serein, de là retirée du soleil comme dessus, continuant cela dix ou douze jours à la manière des lins, et en sommes, jusqu'à ce que cognoistrez la matière estre suffisamment rouie, par l'espreuve qu'en ferés, desséchant et battant une poignée de chacune de ses trois sortes d'escorce, remettant au serein celles qui ne seront pas assés appareillées, et en retirant les autres comme le recognoitrés à l'œil. »

Comme on le voit, la conversion en cordage et en tissus de la fibre de l'écorce du Mûrier blanc n'est pas chose nouvelle, puisque cet emploi date de 1600. Il est seulement fâcheux que ce commencement d'industrie n'ait pas eu de suite, et c'est ici le cas de signaler l'empire de la routine ; assurément la culture du Chanvre en France est onéreuse puisqu'il faut nécessairement y affecter les terres les plus fertiles, les charger d'engrais abondans, et les préparer au moyen d'opérations fort coûteuses ; mais l'usage est là, il fait loi.

Nous engageons les amis du progrès agricole de prendre la chose à cœur et de prouver que dans tout le midi du territoire français, on peut, sur les sols les plus pauvres, à l'aide du Mûrier blanc et de quelques autres variétés du même genre, récolter de quoi faire notre soie, nos toiles et nos cordages.

DE LA TERRE VIERGE.

MÉMOIRE SUR LA VIGNE.

En agriculture, comme dans toute autre industrie, l'économie ne consiste pas dans la réduction des frais, mais bien dans la manière de les appliquer ; ainsi nous dirons qu'il y a plus d'économie à donner quatre façons aux Vignes, que de ne leur en donner que deux ou trois. La parfaite exécution des opérations de culture et en temps opportun, est l'économie réelle.

La Vigne se multiplie de graines (cette voie nous a fourni des variétés de différens cépages), par marcottes et par boutures, ce dernier mode est le plus généralement employé pour la culture en grand. On greffe aussi la Vigne sur elle-même, ce qui nous fournit le moyen de changer de cépage sans arracher la Vigne.

La Vigne peut être plantée profondément (terme moyen un mètre), lorsque la terre n'est pas pourrissante et maintenue à cette profondeur, pourvu que cette épaisseur de terre ait été défoncée ; par ce moyen, les Vignes trouvent toujours assez d'humidité et résistent aux plus longues sécheresses, la Vigne doit être couchée pour transformer souterrainement sa tige en racine-mère, et pour la rendre plus féconde par la déviation de la sève. La plantation profonde et le renouvellement par tiges souterraines dont la nécessité n'est pas assez connue ainsi que son application, peuvent entretenir un champ de Vigne en bon état de production pendant plus de mille ans. Cette assertion, qui paraîtra sans doute erronée à beaucoup de vignerons, n'en est pas moins une vérité incontestable, et nous espérons le prouver dans cette notice.

Il n'est point nécessaire de fournir des engrais à la Vigne ; tous les œnologues savent bien qu'ils influent sur le vin en diminuent sa qualité. On peut donc, comme l'a dit le célèbre Chaptal, cultiver la Vigne sans engrais. Cet axiome est de la plus grande rigueur ; toutefois, comme la Vigne n'est en rapport que quatre à cinq ans après la plantation, nous disons que l'on peut sans inconvénient employer des engrais pour les fournir à la jeune Vigne, dans le but seulement d'obtenir une croissance plus rapide, après quoi la Vigne peut se passer d'engrais, pourvu qu'ils soient remplacés par la terre vierge, comme nous le dirons ci-après.

Tant que les vins se sont bien vendus, les frais de culture, de fabrication, du logement et du transport des vins étaient couverts par d'importans bénéfices, le vigneron n'avait qu'à suivre sa routine ; mais aujourd'hui que les prix de cette denrée sont avilis, que les impôts de toutes sortes l'écrasent, il est évident que l'unique ressource du propriétaire est dans la recherche des moyens capables de lui faire obtenir des vins de meilleure qualité, aussi abondans et à moins de frais. Ces conditions, les seules qui assureront à l'avenir l'écoulement de ce produit, pourront être remplies en adoptant la méthode suivante ou en l'approchant autant que possible (1).

---

(1) Sous le rapport du progrès et du perfectionnement de l'industrie vinicole, tous les vignobles de France ont avancé beaucoup vers ce but, et nous sommes heureux de proclamer que nous l'avons constaté dans la plupart des vignobles du département de la Gironde.

Le défoncement général d'un terrain dans lequel on veut planter la Vigne, est une opération très dispendieuse, et constitue une grave erreur, qui est on ne peut plus préjudiciable à l'avenir de la Vigne ; parce que cette opération une fois faite, on se repose sur elle attendu que l'on ne sait pas que l'effet qu'elle produit est de courte durée. En effet, le bien produit par le défoncement cesse au bout de cinq ou six ans, et cela est si vrai, que les pépiniéristes ne négligent pas de défoncer de nouveau, à la suite d'une récolte qu'ils obtiennent ordinairement en cinq ans, chaque fois qu'ils veulent faire au même endroit une nouvelle plantation, bien qu'ils observent exactement la loi des assolemens ; la condition essentielle de leur succès est le nouveau défoncement : ceci est un fait incontestable.

Il est deux manières de cultiver la Vigne : c'est par rangées bien alignées ou à volée. Pour ces deux modes, la plantation est la même ; c'est-à-dire qu'elle se fait toujours en ligne. Ainsi nous ouvrons des fossés dont la profondeur est fixée d'après la nature du terrain, et la largeur d'après la distance que nous voulons donner à nos rangées. La terre doit toujours être disposée en planches bombées ; quant à l'orientement de nos lignes, celui que maintes expériences nous ont indiqué être le meilleur dans toute la France viticole, est de l'est à l'ouest ; c'est encore un fait que nous croyons incontestable.

Plantation.

Si nous avons des engrais, nous en garnissons d'une couche légère le fond de nos fossés ; à défaut d'engrais, nous employons une couche de menu bois, et dans ce cas nous donnons la préférence au Genêt et à l'Ajonc, parce que nous savons que ces deux arbrisseaux contiennent une plus grande somme de substances fertilisantes qu'une foule d'autres plantes.

La plantation avec boutures non enracinées, pourrait être employée ; mais il y a toujours des manques qui détruisent la régularité et nécessitent, au bout d'un an, des frais pour remplacer les vides ; nos plantes sont recouvertes d'une couche de terre d'environ deux décimètres ; quant à nos fossés, ils restent ouverts (c'est une condition du succès), et se remplissent peu à peu par la terre qui tombe des ados lors des façons, et par la chute des crêtes des fossés, lorsque viennent les dégels ; de sorte que nos fossés ne sont entièrement remplis qu'à cinq ans, alors que la Vigne entre en rapport. Jusque-là, ce que nous obtenons de raisin est mêlé avec la vendange la plus inférieure.

Comme notre espoir est dans la terre vierge, nous ne négligerons pas de tirer parti des ados en y cultivant, comme on le fait dans les jardins, sur les ados des fosses d'Asperges, une foule de plantes basses, telles que : des Pois et Haricots nains, des Lentilles des Gesses, des Betteraves, des Carottes, des Navets, des Raves, etc. Le produit que nous obtenons de cette culture sur les ados, n'a point été nuisible à la croissance de nos Vignes et nous paie au moins tous nos frais de culture des cinq années. A cet âge, la Vigne reste seule en possession du terrain, lequel ayant été bien façonné, est d'une extrême propreté ; les frais d'entretien sont moins dispendieux, le produit paie largement ses frais et va, chaque année, en augmentant en quantité et en qualité.

C'est à ce terme de cinq ans de nos plantations, que commence une opération de la plus haute importance et sur laquelle reposent tous nos calculs d'avenir. Pendant les cinq premières années, nous ne demandons qu'une croissance que nous obtenons facilement par de bonnes façons, par une taille très courte ; mais après cet âge, notre but est de ralentir cette croissance en vue d'obtenir plus de fruits. Un fait irrévocablement constaté par l'expérience de plusieurs siècles, est que tous les cépages en général, et plusieurs d'une manière plus particulière, produisent plus de fruits quand ils ont été couchés. Ce résultat, dû à la déviation de la sève, est on ne peut plus conforme à la physiologie végétale. Il faut dévier la sève, dans une foule de cultures, pour en obtenir de bons et d'abondans produits; l'explication de ces cultures ne peut-être donnée ici; mais nous dirons qu'il est nécessaire de dévier la sève de la Vigne: les sarmens pliés en demi-cercles, les tiges contournées sur le sol sont ainsi fixées d'après cette nécessité. Mais il est prouvé que la déviation effectuée souterrainement est préférable, sous tous rapports; ainsi l'opération dont nous allons parler est le fossoyage; son but est de fournir de la terre vierge à tous les ceps non couchés. Si nous voulons conserver nos Vignes par rangées, le couchage se fait dans un fossé transversal à nos ados, et nos deux plants, couchés à côté l'un de l'autre, sont changés de places; mais lorsque la Vigne ne doit point conserver son alignement, nous faisons seulement des fosses; nos plants ou ceps sont tenus couchés par une épaisseur de terre d'environ vingt centimètres, rabattue des parois de la fosse. Les conditions de succès sont: 1° de ne point blesser, soit la tige, soit les sarmens couchés; 2.° que les fosses s'égouttent bien, et 3° qu'elles restent ouvertes pour ne se remplir qu'à la longue comme les fossés de la plantation.

Cinq ans plus tard, nous faisons un nouveau couchage et ainsi tous les cinq ans, avec l'attention de ne faire chaque fois que le nombre des fossés ou fosses nécessaires à la production de la quantité de terre vierge suffisante pour chausser tous les ceps non couchés et qui ont été déchaussés au préalable.

Lorsque nous sommes arrivés à l'époque où chaque cep aura été couché, nous continuerons cette espèce de renouvellement partiel, en choisissant toujours les ceps les plus défectueux ou les moins féconds. La profondeur de nos fosses est la même que celle des fossés de la plantation. Cependant arrive un terme, lorsque chaque cep aura été couché plusieurs fois, que le fond est garni de tiges souterraines, alors nous superposons le nouveau couchage sur l'ancien. Cette nécessité n'arrive guère que dans les Vignes qui ont plusieurs siècles ; ils nous est arrivé de fossoyer des Vignes qui avaient plus de cinq cents ans, et dans lesquelles cette superposition était peu éloignée de la superficie du sol ; dans ce cas, nous prenions le parti de couper toutes les tiges sonterraines pour reporter notre couchage à la profondeur primitive.

Comme on le voit, c'est par un défoncement périodique et perpétuel que nous fournissons à la Vigne une terre neuve, qui est évidemment plus riche que celle de la superficie et qui est préférable sous tous les rapports aux engrais. *C'est la terre vierge.*

Nous insistons pour la suppression des engrais à la Vigne, qui est un mode ruineux. En effet, le département de la Gironde a 98,038 hectares occupés par la culture de la Vigne ; le tiers de la surface 32,336 hectares, reçoit des engrais tous les cinq ans, ce qui fait 6,467 hectares, qui sont fumées chaque année ; l'hectare emploie 16 charretées à 10 fr. l'une rendue à pied d'œuvre ; ce qui fait une dépense annuelle de 1,034,720 fr. pour achat d'engrais seulement. Il reste maintenant les frais de main-d'œuvre pour déchausser la Vigne, porter le fumier et le couvrir. Si cette somme d'engrais au lieu d'être employée mal à propos à la Vigne, était répartie pour les cultures des grains et fourrages, ainsi que pour les produits de l'horticulture, quelle augmentation de produits n'aurions-nous pas de ce changement d'emploi !

Le fossoyage des Vignes n'a aucun inconvénient pour celles qui se cultivent à bras ; il n'y a que celles qu'on laboure à la charrue, dont ce labour serait empêché sur une proportion que nous estimons 3/5, là où les fosses sont profondes et seulement 2/5, où elles le sont peu. On pourrait même diminuer, dans ces dernières de 1/5 en ne laissant les fosses ouvertes qu'un an. Ainsi le vigneron qui donne ses labours à la charrue n'aurait plus à façonner à la houe que la cinquième partie de ses Vignes.

Avant d'aller plus loin dans l'explication de notre méthode de culture, nous pensons qu'il est utile de décrire la marche que nous suivons pour égoutter le sol des Vignes et les procédés de culture que nous employons pour réparer celles qui sont ruinées.

Egouttement du sol.

La première condition à remplir pour le succès de toute culture, est celle du dessèchement ; la disposition du sol, en planches plus ou moins larges, plus ou moins élevées, est basée sur la connaissance de ce fait. Mais pour la Vigne, il faut employer encore d'autres moyens qui puissent assainir la profondeur du sol où sont situées les racines. On arrive à ce résultat, par la construction des coulisses ou sacs de pierres ; voici comment nous les pratiquons. Entre chaque planche, qui ont une largeur moyenne de cinq mètres, établies en suivant la pente du terrain, nous creusons un petit fossé d'environ soixante centimètres de largeur, afin qu'un ouvrier puisse manœuvrer dedans.

La profondeur va à quarante centimètres au-dessous des racines-mères ; le fond des fossés est garni, de chaque côté, d'un rang de moellons qui portent des pierres plates pour forme un petit conduit figuré ici 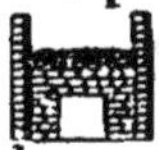 ; ou garni par dessus avec du moellon plus petit, de manière à former un remplissage de 40 à 50 centimètres que l'on recouvre d'un lit de mousse d'environ 5 centimètres, et on finit de remplir avec la terre. Ainsi traitées, ces coulisses fonctionnent parfaitement pendant plusieurs siècles. A défaut de pierres, on forme des coulisses avec des fagots de menus bois portés sur de petits chevalets  ; mais ces derniers ne durent guère que quarante ans. Les travaux pour établir ces coulisses ne sont pas très dispendieux, attendu qu'ils se font en hiver, lorsque la neige ou les fortes gelées nous procurent la main-d'œuvre à un prix moins élevé ; nous estimons que l'établissement de coulisses en pierre quintuple la valeur du fonds.

Réparation des Vignes ruinées.

Un adage de nos populations vinicoles dit : « Pour faire une bonne spéculation, il fant acheter vignes ruinées et maison bâtie » : parce que les frais de réparation de semblables Vignes sont peu dispendieux. On doit se borner à déchausser et tailler très court même sur un seul bouton, à faire çà et là, aux places vides, dans le voisinage des ceps les plus défectueux, des fosses qui fournissent assez de terre vierge pour chausser tous les ceps. Le but de ces opérations est de faire produire des sarmens afin de coucher des ceps aussitôt que possible dans des fosses ouvertes.

Chaque cep couché peut nous fournir trois ou quatre plants, ce qui garnit bientôt les vides ; la tige de la Vigne, aussi décrépite qu'elle puisse être, étant mise sous terre, redevient saine, et constitue une bonne racine-mère ; aussi, au lieu d'un cep qui avait perdu sa force productive, nous en avons quatre qui ont acquis une nouvelle fécondité et qui sont en plein rapport à cinq ans.

Comme on le voit, quelques frais de main-d'œuvre bien combinés, réparent une Vigne en cinq ans et on n'est privé de récolte que pendant un an. Quolquefois la réparation marche encore plus vite dans les Vignes en pentes, en portant la terre de bas en haut ; nous nous sommes très bien trouvés, et nous ne saurions trop le conseiller lorsque l'on peut opérer, à médiocres frais, de chausser les Vignes en ruines avec la couche végétale des bois et des prairies.

Taille de la Vigne.

La majeure partie des cépages peuvent-être réduits à une taille uniforme qui est celle en courson. C'est ici qu'il faut se pénétrer de l'influence de la lumière et de l'air ; et pour que la végétation de nos Vignes en jouisse, nous formons nos têtes de ceps en gobelet ou en espalier. Quelques cépages ont besoin d'une taille allongée qui est fixée en plan incliné, ou horizontal, ou courbé en demi-cercle vers le sol. Comme l'étude pratique peut seule amener à connaître les cépages qui doivent être taillés long, il est important de faire régler et surveiller la taille par les vignerons les plus experts.

On commence la taille des Vignes dès que les feuilles tombent, après la vendange ; on la continue pendant l'hiver, lorsque le temps le permet, et on l'achève au printemps ; les Vignes qui doivent être taillées les premières, sont celles qui sont vieilles et toutes celles non sujettes aux gelées printanières.

Notre méthode de fossoyage modifie la marche de notre taille ; ainsi, toutes celles qui reçoivent de la terre vierge sont, au préalable, déchaussées et taillées en dégrossi ou en prime, c'est-à-dire que nous ne laissons que les sarmens porte-fruits, qui sont taillés seulement au moment de la pousse. Cette marche de notre taille nous procure l'avantage de sauver nos Vignes des gelées, et c'est en taillant nos porte-fruits après qu'ils ont déjà poussé des bourgeons, que nous obtenons ce résultat. A cette occasion, nous dirons que la réparation la plus urgente à faire aux Vignes gelées, c'est de les retailler jusque sur les boutons qui n'ont pas encore bougé : l'expérience nous a appris que ce moyen diminue beaucoup le mal de la gelée.

Labours ou façons des Vignes.

On laboure de deux manière : à la houe et à la charrue. Nous exécutons ces travaux comme suit : le premier, en avril ; le deuxième, du 15 mai au 15 juin ; le troisième, en juillet, après le levage et le pincement, et le quatrième, du 15 août au 15 septembre. Nous désignons notre premier labour par le terme *sombrer*, ce qui explique qu'il se donne profond ; les autres, n'ayant pour but que l'ameublissement de la terre et la destruction des herbes, sont plus superficiels ; on les nomme plus particulièrement *binages* ou *façons*. Une attention très importante pour que les binages soient bons, c'est de les effectuer par un beau temps, surtout dans les terres compactes.

Ebourgeonnement.

Aussitôt après avoir achevé de sombrer, nous commençons cette opération qui consiste dans la suppression des bourgeons inutiles ; ce sont ceux qui sont situés sur la tige et sur les branches-mères. Quelquefois nous supprimons des bourgeons sur le jeune bois quand ils sont trop nombreux, afin de donner l'air et la lumière à ceux qui restent.

La suppression des bourgeons se fait avec les doigts ; mais lorsqu'ils sont trop durs, il faut se servir d'un instrument tranchant, afin d'éviter les plaies qui auraient lieu par le déchirement. Nous considérons l'ébourgeonnement des Vignes si important, que nous sommes étonnés de ce que dans certains vignobles on ne l'emploie jamais.

Levage et pincement.

Il ne faut jamais toucher aux Vignes lorsqu'elles sont en fleurs ; mais lorsqu'elles sont tout à fait défleuries, nous procédons à deux opérations qui se font simultanément ; elles consistent : à lever tous les bourgeons, à les attacher ensemble, de manière à ce qu'ils se tiennent en position verticale ; lorsqu'il y a des échalas, ils sont liés après ces supports et nous coupons d'un coup de serpe tous les bourgeons au-dessus de la ligature : c'est le pincement.

Il est fâcheux que l'heureuse influence du pincement ne soit pas généralement connue ; cette opération serait assurément pratiquée partout. Voici ses effets : elle arrête pendant quinze jours environ la pousse. La sève, pendant ce temps, se porte au fruit qu'elle fait nouer et grossir sensiblement; elle fait augmenter aussi en grosseur les bourgeons et leurs boutons de telle sorte, que ceux du sommet repoussent de nouveaux bourgeons avec du fruit. Lorsque ce nouveau fruit est passé fleur, nous procédons à un léger pincement qui fait profiter tous les fruits et qui avance la maturité du premier.

Effeuillage.

Nous ne sommes point partisans de l'effeuillage ; cette opération ne procure qu'une maturité forcée qui diminue la qualité ; elle est tout au plus admissible dans les jardins pour donner aux raisins blancs cette couleur dorée qui flatte l'œil et en assure la vente. Au reste, la bonne tenue des Vignes devant toujours procurer aux fruits l'air et la lumière, l'effeuillage devient inutile. Cette opération peut être préjudiciable, parce que les feuilles, qui avoisinent les fruits, leur préparent leur nourriture, et ce sont elles que l'on supprime les premières. Evidemment les fruits doivent en souffrir; il faut donc, lorsque l'effeuillage devient nécessaire, soit parce que l'automne est pluvieux, ou parce que les fruits n'ont point d'air ni de lumière suffisante, y procéder avec prudence. On ne doit effeuiller que peu à peu à la fois, et ne commencer que lorsque la maturité est bien avancée. Il ne faut pas oublier que c'est seulement pour compléter la maturité et non pour la provoquer qu'on doit effeuiller.

Variétés de raisins ou cépages.

C'est un immense travail que celui de réunir les cépages connus pour les étudier sous tous les rapports de l'utilité vinicole; une école de cépages peut rendre de très grands services pour les faire connaître et pour joindre à une nomenclature donnée tous les synonymes connus ; car, il faut le reconnaître, la synonymie de la Vigne est désirée depuis longtemps. Eh bien, il faudrait, pour atteindre ce but, qui offre de grandes difficultés, suivre les cépages dans leur mutation et tenir compte de l'influence du climat, du terrain et de l'exposition.

Il n'est pas nécessaire, pour faire de bon vin, de planter un grand nombre d'espèces, sept à huit suffisent ; l'important est le choix que l'on doit en faire. Ainsi, certains cépages conviennent dans la plaine, d'autres sur les coteaux : les uns font bien à l'exposition du Midi, les autres à celle du Nord ; ceux qui conviennent dans les terres fortes ne valent rien pour les terres légères ; il faut donc augmenter le nombre des variétés et les étudier pour les approprier judicieusement.

De toutes les expériences en cultures, celles de la Vigne sont les plus longues ; nous devons en conséquence faire notre profit de celles faites avant nous. D'après nos observations de trente années de pratique, nous croyons que l'on peut former trois séries de cépages: ainsi, la première, des plants fins, peu productifs, qui conviennent aux coteaux calcaires ; la deuxième, des plants de moyenne fécondité, propres aux plaines élevées et graveleuses, et la troisième, des cépages à grande venue et féconds, et qui sont propres aux terres fortes de palues et autres où l'argile domine.

Nous avons surtout égard, dans ce choix, à l'époque de leur maturité; ceux qui sont précoces, sont placés à l'exposition du Nord ; ceux qui sont tardifs, doivent être en minorité ; mais ils sont quelquefois nécessaires pour donner au vin une bonne garde et un certain stimulant. C'est pour ces deux motifs que dans les vignobles du Jura on plante un certain nombre d'un grand cépage très fécond et tardif qui se nomme *Argillet*.

Récolte.

Reconnaître le point convenable de la maturité du raisin pour procéder à la récolte, est une chose si importante, que dans la plupart des vignobles les jours de récolte sont choisis et désignés par une délibération du conseil municipal, assisté au besoin d'experts.

La nécessité enfante l'industrie ; aussi est-ce dans les vignobles, où le vin est à bas prix, que l'on trouve ces pratiques basées toujours sur la plus stricte économie. On sait que c'est à l'époque des récoltes que le chef d'une exploitation a surtout besoin de ces connaissances de détails, de cette énergie active, pour éviter ces fausses manœuvres, qui augmentent beaucoup ses frais et l'exposent à de grandes pertes. Employer utilement du grand au petit, tous les individus de son personnel, c'est un talent de grande valeur.

L'attention que l'on doit apporter dans la création des instrumens, outils et ustensiles nécessaires, est aussi d'une bien grande importance pour l'exécution des travaux, sous le rapport de l'économie. Toutes les localités n'ont pas également ces objets ; c'est encore dans les vignobles précités que l'on trouve, sous ce rapport, les conditions bien remplies ; quelques exemples achèveront oe le démontrer. Ainsi, la houe est si bien confectionnée que, du plus fort au plus faible et sans apprentissage, tout le monde peut s'en servir utilement. Ainsi, un enfant de dix ans travaille à côté d'un homme ; mais sa houe est proportionnée à sa force. Pour les hommes, la hotte est d'un usage général ; nous sommes étonné de voir, dans beaucoup de localités, les hommes se servir de corbeilles, tandis qu'avec la hotte un homme portera le double et se fatiguera moins. Quelle puissance a la routine !

Les ustensiles les plus avantageux pour vendanger sont : 1° la hotte pleine, appelée *bouille* ou *bouillot* dans le Jura, la Côte-d'Or, le Rhône, etc. ; 2° des seaux légers en forme de paniers et proportionnés à la force des coupeurs.

Les porteurs passent derrière la rangée des coupeurs et chacun de ces derniers vide son panier. Nous avons seulement l'attention d'alterner les petites gens entre les grandes personnes, parce que ces dernières prêchent d'exemple, surveillent et vident le panier de ces petits voisins. Ainsi, comme on le voit, nous n'avons pas besoin ni de videurs de paniers, ni de faiseurs de bastes, ni de surveillant de bande. Nous n'avons pas besoin non plus d'affecter des ouvriers spéciaux au cuvier ; le produit de chaque journée est égrappé au fur et à mesure qu'il se coupe, soit dans la Vigne, soit dans le cuvier même, quand on se trouve à proximité. Nos cuviers sont munis de grandes bailles qui se nomment *déchargeoirs*, et qui contiennent la vendange du jour. Quand la nuit est venue, notre personnel de vendangeurs vient au cuvier et monte la vendange dans la cuve avec les hottes et les seaux des coupeurs, ce qui est bientôt fait. Après cette besogne, à laquelle tout le monde prend part, le souper a lieu. Le lendemain, tout le monde déjeûne avant le jour, pour être rendu à l'ouvrage aussitôt qu'il commence, et enfin, à midi, le repas des vendangeurs, qui se compose de pain, de fromage et de quoi boire, a lieu dans la Vigne, même sans déplacement.

Fabrication du vin.

La fabrication est réduite à sa plus simple expression lorsque le raisin est égrappé. Un premier avantage est le rejet de tout ce qui n'est pas mûr ; un second, est de pouvoir laisser nos cuves deux mois avant de les tirer.

Aussitôt que la fermentation tumultueuse est en train, nous faisons brasser nos cuves deux fois en 24 heures, afin de régulariser la décomposition : c'est l'affaire de quatre à cinq jours.

Lorsque la fermentation est à peu près terminée, ce qui arrive du huitième au douzième jour, alors que le chapeau de marc est redescendu, nous couvrons nos cuves bien exactement d'un bon mortier de terre glaise pour préserver du contact de l'air qui amènerait l'acidité. Nous ne parlons pas de faire subir la pression à la vendange rouge, parce que nous regardons cette opération inutile, toutes les fois qu'on préfère un vin plutôt léger que fort en couleur; ainsi c'est au choix du propriétaire. Si un vin un peu coloré lui est aussi avantageux, il devra se dispenser de faire des frais de main-d'œuvre, qui sont d'autant plus élevés que les bras sont rares au temps de la récolte.

C'est donc à loisir, soit à un et demi, soit à deux mois, que nous procédons à notre entonnaison. Notre vin sort de nos cuves, étant d'une limpidité parfaite, et reste jusqu'à la fin constamment séparé de son marc ; on le loge au fur et à mesure dans des foudres où il se comporte assurément beaucoup mieux que dans des barriques. Le marc est alors pressé et le produit qui en découle, est un vin inférieur, très chargé en couleur, que l'on nomme *pressurage ;* il se vend toujours un prix moins élevé que le vin sorti clair de la cuve.

Le marc pressé, nous le logeons dans des futailles ou dans des cuves, où il est fortement pressé et recouvert d'un épais crépissage de glaise pétrie, pour le préserver de l'air. Ce marc est destiné à la distillation, ce qui est pour nos vignobles une industrie fort importante ; il sert aussi, au besoin, pour la fabrication d'une boisson vineuse que l'on nomme *piquette ;* mais il nous en faut peu, attendu que nous obtenons de meilleure piquette avec nos grappes pressées et chargées d'eau ; avec nos verjus provenant du pincement, lesquels se récoltent environ trois semaines après les vendanges.

Quant aux travaux qui sont encore forcément à la charge du producteur, ce sont les soutirages jusqu'à parfaite clarification de ses vins ; après quoi, ses fûts sont tournés bonde de côté pour attendre la vente.

Vin blanc.

C'est toujours après avoir terminé la vendange rouge que nous commençons la blanche. On sait qu'il faut une maturité plus complète pour obtenir de bons vins blancs :

au point que la condition nécessaire pour certains cépages, tel que le gamé, c'est d'avoir été saisi plusieurs fois par la gelée avant d'en faire la vendange pour en obtenir de bon vin. Pour que la besogne marche vite, notre raisin est égrappé et passé de suite au cylindre. L'écartement de celui-ci est fixé de telle sorte que toutes les baies sont écrasées et non leurs graines. Ce cylindre, qui a un mètre de longueur environ, porte une trémie ; il est mû par deux manivelles. Pour le bon service et la durée, les cylindres sont en cuivre ou recouverts de ce métal ; le diamètre de nos cylindres est de 15 centimètres ; à leur aide, on abrège de beaucoup le travail du pressoir. Le suc ou mou de la vendange blanche est mis dans des fûts qui restent débondés tant que dure la fermentation tumultueuse, après laquelle on bouche légèrement et on ouille jusqu'au soutirage, que nous faisons au commencement de l'hiver, lors d'une belle gelée. Un second soutirage a lieu après Pâques. Ce second soutirage peut être le dernier qui regarde le producteur, car lorsqu'il s'agit d'une clarification plus complète avant la consommation ou la mise en bouteille, elle s'obtient au moyen du collage, que tout le monde connaît, et qui est préférable à l'emploi des blancs d'œufs ; ceci rentre du reste dans une nouvelle industrie qui n'est plus du ressort des producteurs.

Le marc du vin blanc est recueilli, humecté avec un peu d'eau, ou mieux avec du vin rouge nouveau, pour le faire fermenter, après quoi il est distillé comme le marc du vin rouge.

Fabrication d'eau-de-vie avec le marc.

Le cultivateur de Vigne retire un notable profit de la fabrication d'alcool de marc. En effet, c'est pendant l'hiver, lorsqu'il y a impossibilité de travailler dehors, que les vignerons distillent leur marc, et cette opération est si simple, qu'à l'âge de quatorze ans nous étions chargé de la conduire. Voici la marche : la chaudière ou cucurbite de l'alambic est rempli au 2/3 de marc ; on humecte avec de l'eau ; le chapiteau est ensuite posé et ajusté ; l'ajustage est crépi ou luté de mortier de glaise et entouré d'un linge humide ; on met le feu qui est poussé bon train jusqu'à l'ébullition. Après quoi, il faut toujours le modérer, pour éviter la calcination du marc contre les parois du fond de la chaudière, ce qui donne toujours un goût de brûlé à l'eau-de-vie. On ne tarde pas à voir arriver par le serpentin, de l'air et ensuite de la vapeur aqueuse que l'on appelle blanquette ; on laisse venir et on recueille jusqu'à extinction. On arrête le feu pour enlever cette première cuite, qui est de suite remplacée par une seconde ; mais celle-ci au lieu d'être humectée avec de l'eau, l'est avec de la blanquette. La première venue de cette seconde cuite est de la blanquette, après laquelle arrive l'eau-de-vie, que l'on reconnaît, soit par une éprouvette, soit en présentant au feu le doigt humecté; le feu prend si le liquide a le degré voulu. Toute la partie spiritueuse une fois écoulée, arrive encore une certaine quantité de blanquette qui, jointe à la première, sert pour humecter la cuite suivante. Une grande attention que doit avoir celui qui conduit la marche de cette distillation, c'est de maintenir le réfrigérant à une température peu élevée ; il doit avoir sous la main une futaille garnie d'eau froide, qui sert pour changer celle de la sommité du réfrigérant, lorsqu'elle est trop chaude : ce qui se reconnaît au tact. Ainsi, on ôte de temps en temps un seau de celle-ci, et on le remplace par un seau d'eau froide.

Le marc cuit est un excellent engrais, soit qu'on l'emploie de suite, soit qu'on le réserve ; mais, dans ce cas, les tas que l'on en fait doivent toujours être recouverts de terre jusqu'au moment de l'emploi.

Economie sur le logement et le transport des vins.

La nécessité où se trouvent les propriétaires de certains vignobles, de dépenser annuellement en achats de barriques, pour loger et expédier le vin, est souvent une cause de ruine; et cela arrive surtout lorsqu'il y a abondance.

Pour éviter ces frais onéreux, voici comment nous opérons : nos celliers et nos caves sont pourvus de foudres, comme nos cuviers le sont de cuves. Ainsi nous n'avons pas besoin de barriques pour loger nos vins. Quant à l'expédition, elle est locale ou elle est lointaine; celle que nous appelons locale, s'étend à un rayon de 20 myriamètres. Pour celles-ci, nous avons un intermédiaire qui nous dispense de frais de logement des vins, c'est le voiturier qui vient à la porte de nos celliers avec des tonnes d'une ou de deux barriques de capacité; chaque voiture porte deux ou trois de ces tonnes. Il reçoit notre vin et le transporte à notre acheteur qui, comme nous, a dans ses celliers ses foudres de diverses dimensions. L'acheteur a une garantie dans ce mode de transport, c'est qu'indépendamment de la moralité des voituriers, qui sont en quelque sorte investis d'un service public, il peut au besoin, pour se garantir de l'infidélité des valets-charretiers, faire fermer toutes les tonnes, avec un cadenat fermé d'une clé commune, qu'il garde par devers lui : car, il faut bien le reconnaître, que de soustractions sont commises sur nos vins dans certains vignobles, par les agens de leur transport ! cela devient scandaleux. Il reste l'expédition lointaine, qui est de deux sortes : l'une par terre et l'autre par eau. Quant à la première, ne serait-il pas possible de l'effectuer comme nous avons établi qu'elle a lieu pour notre expédition locale? il nous semble que le roulage qui se fait avec une si parfaite intelligence aujourd'hui, pourrait résoudre eette question, qui du reste est toute commerciale.

Reste à examiner l'expédition des vins par eau. Nous savons qu'en opérant sur une très grande masse, la méthode suivie jusqu'à nos jours est la seule praticable; ainsi c'est le logement des vins en barriques. Mais lorsque nous voyons dans nos colonies des barriques vides être vendues 1 fr. et même 50 c., lorsqu'elles ont coûté en France jusqu'à 25 fr., nous devons désirer que ces précieux fûts nous reviennent en rames ou javelles, comme d'habiles armateurs l'ont déjà fait exécuter dans la marine marchande bordelaise. La métropole ne saurait trop encourager cet exemple par tous les moyens possibles.

Culture du Convolvulus Batatas, ou Batate douce d'Amérique.

La culture du Liséron rampant à fleurs roses, connue de temps immémorial dans toutes les contrées chaudes du globe, et qui, par notre séjour dans les Antilles et en Afrique (au Sénégal), nous est familière, est on peut dire un objet de première importance agricole coloniale. En effet, la racine charnue et sucrée du Liséron Batate douce peut nourrir l'homme ; en même temps sa vaste ramification de tiges bourgeonneuses, garnies de grandes et nombreuses feuilles, est la nourriture par excellence des animaux domestiques, notamment le cheval, le bœuf, le mouton, le porc, etc.

Dans notre Europe, il nous est impossible d'avoir cette racine aussi sucrée que dans les régions inter-tropicales; néanmoins le produit que nous obtenons est passable, et on peut dire qu'à Bordeaux, dans les étés secs, nous obtenons de fort bonnes Batates douces ; il est évident que le Midi de l'Europe et même le Midi de la France produit des Batates encore meilleures, puisque la qualité est proportionnée à la hauteur de la température du lieu de production.

L'historique de la culture de cette plante dans le vaste

climat qui lui est propre, est chose tout à fait inutile ; ce qui convient, c'est d'expliquer comment cette culture y est réduite à sa plus simple expression et pratiquée par tout le monde. Ainsi, elle consiste à conserver en état de végétation, dans un coin de jardin, quelques touffes ou pieds-mères ; lorsque le temps de la pluie est près d'arriver (l'hivernage), ou que les plaines inondées sont ressuyées, on donne un labour qui ameublit la couche végétale ; on fait, à un mètre de distance, un rayon de un décimètre de profondeur et trois décimètres de longueur, dans lequel on couche deux bourgeons pris sur les pieds-mères ; par dessus ces bourgeons ainsi posés, on remplit de vase de rivière et on couvre cette vase de poussière ; les deux bourgeons qui sortent des deux côtés opposés du rayon ne doivent avoir, terme moyen, qu'un décimètre de longueur hors de terre. Voilà tout l'établissement ; les soins ultérieurs sont quelques binages et l'arrachage qui commence lorsque les racines ont acquis leur maturité, ce qui se reconnaît par le jaunissement des capsules contenant les graines. Là, cette récolte se fait à loisir, parce que ces racines se conservent mieux en terre qu'arrachées.

Nous recommandons cette simple notice à tous ceux qui s'intéressent au bien-être de nos colons de l'Algérie.

La culture de la Batate doit être la même partout ; ainsi, pour réussir dans la Gironde, on commence au 15 mai et on continue jusqu'au 30 juin de planter des bourgeons dans des rayons faits en terre bien labourée, et à défaut, de l'emploi de vase de rivière, ou d'étang, ou du premier cours d'eau venu (que l'on peut employer surtout en juin, parce qu'il fait chaud) ; on arrose pour que les bourgeons s'enracinent plus promptement et plus sûrement. Les soins ensuite sont les mêmes que dans nos colonies ; mais l'arrachage, chez nous, est marqué non par la maturité des graines (que nous ne voyons pas jaunir, puisque notre beau temps est trop court pour voir même les fleurs), mais par l'abaissement sensible de notre température : c'est de fin septembre à fin octobre.

Ainsi, ces racines ne peuvent être parfaites et ne peuvent être de facile conservation, puisqu'elles ne mûrissent pas ; voilà ce qui fait la difficulté de la culture dans la Gironde. Pour vaincre cette difficulté, on emploie les trois procédés suivans : 1° on fait en pot, au milieu de l'été, des boutures de Batates que l'on maintient en végétation en serres chaudes ; 2° on choisit des racines saines que l'on tient suspendues ou posées sur des tablettes, à l'abri des rats, dans une serre chaude ; 3° ou bien on conserve ces mêmes racines dans des armoires fermées, dans un appartement sec et chauffé pendant l'hiver. Les racines ainsi conservées se plantent en mars et avril sur une couche chaude de fumier de cheval sortant de l'écurie, couche d'un mètre d'épaisseur, recouverte de deux décimètres de bon terreau ; enveloppée tout autour d'une caisse ou châssis, et le dessus couvert de panneaux vitrés ; ainsi traitées, on a abondamment les bourgeons nécessaires lorsque le 15 mai est arrivé ; ainsi, l'essentiel pour cette culture, dans le département de la Gironde, c'est d'avoir des pieds-mères de Batates douces dans leur grande force végétative, du 15 mai au 30 juin.

Nous terminons ce recueil en priant nos lecteurs de nous accorder cette bienveillante indulgence qui encourage, afin que par la suite nous puissions leur offrir quelque chose de mieux.

Nous adressons des remercîmens à MM. les membres de la Société d'Horticulture de la Gironde, pour le concours empressé qu'ils ont mis à la publication de ce travail.

Nous adressons les mêmes remercîmens à MM. les membres de la Société d'Agriculture de la Gironde, pour leur bienveillant encouragement. Enfin, nous prions le premier fonctionnaire du département, M. le Préfet, de recevoir l'expression de notre gratitude, pour l'appui qu'il nous a donné de faciliter la distribution de ce recueil dans les communes du département.

ERRATA.

Page 19, ligne 3 de la note 4, au lieu de : *sur cloche*, lisez : *sous cloche*.
Page 23, ligne 9 de la note 3, au lieu de : *mensuels*, lisez : *manuels*.
Page 25, ligne 5 de la note 1, au lieu de : *labeur*, lisez : *labour*.
Page 37, ligne 13, au lieu de : *feuilles*, lisez : *fouilles*.
Page 57, ligne 7, au lieu de : *Robiana*, lisez : *Robinia*.
Page 63, ligne 5, au lieu de : *sud*, lisez : *nord*.
Page 79, ligne 2, au lieu de : *substances*, lisez : *subsistances*.
Page 82, ligne 3, au lieu de : *Rabiole*, lisez : *Rabioule*.
Page 84, ligne 14, au lieu de : *barrique*, lisez : *barriquée*.
Page 86, ligne 13, au lieu de : 1848, lisez : 1846.
Page 88, dernière ligne, au lieu de : *troisième*, lisez : *quatrième*.
Page 93, ligne 19, au lieu de : *raisins*, lisez : *racines*.

Imprimerie de P. Coudert, rue Porte-Dijeaux, 43.

www.ingramcontent.com/pod-product-compliance
Ingram Content Group UK Ltd.
Pitfield, Milton Keynes, MK11 3LW, UK
UKHW021823190726
13853UKWH00003B/1154

9 782329 585208